SEMENCES PAYSANNES MÉTISSÉES

Préface

Se rendre compte qu'un autre monde est possible, un monde qui dise la résilience du côté du métissage plus que de l'uniformité, qui dise que la promiscuité, fusse-t-elle débridée, offre des chemins à notre évolution.

Nous créons le monde à partir de ce qui se trouve en nous, si souvent déconnecté de la réalité du vivant. Pourtant le monde nous dit tout autre chose où les légumes de notre jardin expriment ce qu'ils peuvent y apporter. Un monde où toi, comme moi, n'avons qu'à choisir les goûts, formes ou couleur qui ravissent nos sens. Je ne savais la chose si facile à réaliser : favoriser la reproduction, laisser faire et choisir.

Ce livre témoigne de ce qu'un homme a vécu, et il ouvre des chemins, des actions à mener entre humains-nes avec nos fascinantes plantes, comme une métaphore de nos jardins intérieurs. Un monde où les paysans-sanes redeviennent la clé de voûte de leurs écosystèmes.

La Vie est belle
Hervé Covès, *Agronome et franciscain*

SEMENCES PAYSANNES MÉTISSÉES

*La souveraineté alimentaire
sans acheter
ni semences ni engrais ni pesticides*

Joseph Lofthouse
Créateur et propagateur de semences paysannes métissées
Anphlo DuBouloz

Catalogage avant publication
Noms : Lofthouse, Joseph, auteur | DuBouloz, Anphlo, auteur·e
Titre : Semences paysannes métissées : La souveraineté alimentaire sans acheter ni semences ni engrais ni pesticides / Joseph Lofthouse, créateur et propagateur de semences paysannes métissées / Anphlo Dubouloz
Description : Édition française | Paradise, Utah, États-Unis d'Amérique : Father of Peace Ministry, 2024. | Contient un index.
Identifiants : ISBN 979-8-9895599-3-0 (couverture souple)
Vedettes-matière : Sélection améliorative et participative | Agriculture vivrière | Agriculture durable | Conservation des semences | Biodiversité cultivée | Maraîchage | Jardin potager | Permaculture | Agriculture biologique | Adaptation au terroir | Variété population | Variété de pays | Variété ancienne | Variété locale | PEPS | Population évolutive | Population dynamique | Mouvement paysan | Collectifs locaux | Sécurité alimentaire| Agroécologie | Horticulture | Production agricole BNI | Agriculture naturelle

Version originale en anglais éditée par : Merlla McLaughlin
Version française éditée par : Isabelle Harlé et Thomas Picard

Publié par Father of Peace Ministry, Paradise, Utah, United States of America

Ce livre existe également en anglais, en couleur ISBN 9780578245652

Pour avoir accès à un cours gratuit, en vidéo, sur les méthodes décrites dans ce livre, pour se connecter avec d'autres jardinier·ère·s et paysan·ne·s les pratiquant, ainsi que pour échanger des semences paysannes métissées : http://GoingToSeed.org

Pour contacter Joseph Lofthouse ou s'abonner à sa liste de diffusion : https://Lofthouse.com

Pour contacter ou suivre Anphlo DuBouloz sur les réseaux sociaux : https://www.facebook.com/AnphloDubz

Faites connaître ce livre sur vos réseaux sociaux préférés !

Dédié à tous·tes les paysan·ne·s se-
mencier·e·s qui ont passé des millénaires à domestiquer les espèces végétales que je cultive aujourd'hui.

Table des matières

Notes à propos de l'édition française

L'édition française du livre de Joseph Lofthouse va au-delà d'une simple traduction de sa version originale, en anglais, intitulée *Landrace Gardening*. Elle représente le fruit d'une collaboration entre Joseph, moi-même et l'équipe de relecture Isabelle Harlé et Thomas Picard pour refléter l'évolution la plus récente de la philosophie de Joseph et l'adapter aux spécificités du monde francophone avec ses dynamiques propres qui le distinguent du monde anglo-saxon.

Joseph souhaitait avant tout que ce texte raconte une histoire. Une histoire à portée de tous·tes, jardinier·ères ou professionnel·les du monde agricole ou agronome, vivant en Afrique, en Europe, au Canada ou n'importe où dans le monde francophone. Une histoire empreinte de poésie, qui puisse aller droit au cœur et insuffler un message d'espoir, tout en s'avérant suffisamment détaillée pour offrir un manuel facile à mettre en œuvre et allant au-delà des querelles de chapelles. Voulant éviter le dogmatisme, Joseph tenait particulièrement à ce que ce livre n'utilise pas le verbe Être, dans aucune de ses formes[1]. Nous avons également choisi d'employer une écriture inclusive pour refléter notre souhait que tous·tes se sentent inclu·e·s dans ces pages.

La poursuite de ces objectifs à laquelle s'ajoute le fait que Joseph a créé, de toute pièce et avec facétie, des expressions dans le texte original ou donné un sens nouveau à des mots existants a présenté des difficultés intéressantes de traduction. Le principal défi, mais également une des plus grandes richesses de ce texte, résulte cependant de l'originalité radicale de la pensée de Joseph, et de la difficulté à l'enfermer dans une mouvance ou un cadre conceptuel en langue française. À cet égard, la traduction du terme anglais de « landrace », qui représente le sujet même du livre, a donné lieu à de longues réflexions.

Le terme existe en français mais il s'utilise seulement dans des milieux spécialisés. Le concept de « variété population » représente également une traduction possible mais nous l'avons écarté du fait de sa connotation trop technique pour les personnes en dehors du milieu agricole/agronome et de la philosophie de ce livre

---

1   Un mode d'écriture appelé E-Prime. Pour de plus amples informations, lire en français https://fr.wikipedia.org/wiki/E-prime et pour une version, en anglais, plus détaillée https://en.wikipedia.org/wiki/E-Prime

qui veut s'éloigner du concept moderne de variété. D'autres paysan·ne·s ou agronomes travaillent sur des projets extrêmement proches de ceux de Joseph et utilisent des expressions telles que « population dynamique », « population évolutive » ou PEPS (Population Évolutive Pré-Sélectionnées) pour les décrire. Certain·e·s traduisent également le mot de « landrace » par les termes « variétés de pays » ou « locales » ce qui induit une confusion possible avec les variétés anciennes dont il se distingue.

Toutes ces traductions auraient utilisé des mots, rarement uniformément définis et souvent peu connus ou compris, qui représentent de plus des approches ou méthodes légèrement différentes de celles de Joseph. Nous avons donc préféré traduire le concept de « landrace » par l'expression « semences paysannes métissées ». La décision d'employer les termes de « semences paysannes » revient à insérer ce livre dans le contexte politique de la lutte pour la liberté des semences. La notion de « paysanne » reflète l'aspect traditionnel, ancré dans le terroir, pré-industriel de l'approche de Joseph et l'adjectif « métissé[2] » insiste sur l'importance essentielle qu'il accorde à la diversité et au brassage génétique. Ces trois mots combinés reflètent l'essence de la pensée de Joseph sous une forme poétique plutôt que technique, reflétant son style unique.

Bonne lecture à tous·tes !

Anphlo DuBouloz

P.S:

- Les mots techniques utilisés dans cet ouvrage font l'objet d'une définition succincte en bas de page et, parfois, d'une définition plus détaillée, dans le glossaire en fin d'ouvrage.
- Un astérisque (*) indique que le terme en question se trouve défini dans le glossaire.
- Pour une meilleure compréhension des concepts exposés dans ce livre, les termes anglais inventés par Joseph dans la version originale ou ne comportant pas de véritables équivalents en français figurent en note de bas de page. De plus,

---

2   Un terme proposé par Isabelle Harlé que j'ai trouvé particulièrement adapté pour cette édition.

quand le nom commun d'une plante pourrait prêter à confusion, le nom scientifique latin figure en note de bas de page pour en clarifier l'identification.

Anphlo à la cueillette autour des marais

Joseph jouant de la guitare

et posant parmi ses courges

Remerciements

Père Soleil et Mère Gaïa me procurent vie et nourriture. Je me sens reconnaissant de pouvoir vivre en pleine conscience ma relation avec les plantes, les animaux et le monde vivant. Je tiens également à exprimer ma gratitude envers les microbes, les endophytes, les champignons, les bactéries, et les virus, éléments vitaux à ma santé, et à celle des plantes et des êtres vivants qui peuplent ma ferme.

Des millions de paysan·ne·s semencier·e·s, qui ne savaient ni lire ni écrire, ont domestiqué les plantes que je cultive aujourd'hui. Mes efforts de sélection des végétaux n'y ajoutent qu'une contribution marginale.

Je tiens à remercier tous·tes ceux et celles qui m'ont aidé à rédiger la version anglaise de ce livre. Une liste complète des personnes et organisations y ayant contribué se trouve dans la version anglaise.

Je remercie Anphlo DuBouloz pour la création de cette nouvelle édition de mon livre destinée au monde francophone.

Je tiens également à remercier tous·tes ceux et celles qui ont participé à la relecture de cet ouvrage. En premier lieu Isabelle Harlé et Thomas Picard qui ont suivi et relu de près l'intégralité du travail de traduction. Également Charles-Antoine Frandelion, Bruno Viennois, , Bob Brac, Omer Agoligan, Perrine Bulgheroni, Esther Dubouloz et Olivier Krebs pour leur contribution à la relecture finale de cette édition.

Un immense merci à Hervé Covès d'avoir accepté d'écrire une préface pour cet ouvrage et à Hugo Morvan pour sa contribution financière.

Je remercie enfin Anna Mieritz et Fiel Valdezpour la création de la couverture de l'édition française de cet ouvrage.

Parmi toutes les personnes qui m'ont aidé dans mon jardin, Amber tient une place de choix. Nos conversations sur l'agriculture, la notion de communauté et les systèmes alimentaires ont profondément influencé le cours de ma vie. Sans elle, je n'aurais probablement jamais appris à jouer de la guitare !

Courge maxima issue de semences paysannes métissées

Laitue issue de semences paysannes métissées

Avant-propos

Je jardine au sein d'une vallée montagneuse et froide, en plein cœur du désert. Les légumes adaptés aux climats chauds[1] peinent à s'y épanouir. Les tomates, poivrons, courges ou melons s'avèrent par exemple difficiles à cultiver. Les variétés* courantes de légumes et les méthodes de culture généralement préconisées pour les climats tempérés ne donnent que peu de résultats chez moi. Les méthodes et variétés qui eurent leur heure de gloire quelques décennies plus tôt dans des jardins loin de chez moi ne semblent pas plus adaptées à ma situation.

Pour la plupart des légumes méditerranéens, j'ai dû développer mes propres graines pour obtenir une récolte. Les semences paysannes métissées* ont réussi, mieux que toute autre, à s'adapter rapidement à mes conditions de culture particulières.

J'ai obtenu des résultats tellement encourageants de ma première culture métissée que j'ai décidé de généraliser cette méthode de jardinage à l'ensemble de ma ferme.

Pendant des millénaires, les cultures ont été cultivées à partir de semences paysannes métissées. Cette pratique n'a perdu sa place dominante que depuis quelques décennies, lorsque les multinationales ont pris en charge la production alimentaire.

Les semences paysannes métissées se définissent par trois critères cumulatifs: une grande diversité génétique, le recours à la pollinisation débridée* et une adaptation aux conditions locales. J'utilise le terme de « pollinisation débridée » dans cet ouvrage pour faire référence à la pollinisation croisée naturelle*[2]. Ces semences présentent l'avantage de pouvoir produire des rendements stables dans des conditions de culture changeantes.

Le développement de semences paysannes métissées utilise le principe de la sélection naturelle* et s'appuie sur la préférence des paysan·ne·s pour les variétés capables d'assurer une production fiable dans des conditions difficiles. Les plantes qui ne survivent pas assez longtemps pour produire des graines disparaissent. Les plantes les plus vigoureuses perdurent. L'arrivée de nouveaux pa-

---

1   Légumes adaptés aux climats chauds : couramment appelés légumes d'été dans les régions tempérées ou légumes méditerranéens.

2   Pollinisation croisée naturelle : processus de reproduction dans lequel le pollen d'une plante se trouve transféré à une autre plante non apparentée par le biais d'agents pollinisateurs tels que les abeilles ou le vent. (Voir le chapitre 4).

rasites ou maladies, de même que les changements environnementaux ou culturels peuvent nuire à certaines plantes au sein d'une population issue de semences paysannes métissées[3]. Cependant, du fait de leur importante diversité, ces populations*, prises dans leur ensemble, s'en tirent avec succès, indépendamment des changements de conditions.

La culture de semences paysannes métissées se trouve souvent associée à l'agriculture vivrière*[4], pratiquée sans recours systématique au désherbage ni à des intrants coûteux tels que les herbicides, les pesticides ou les engrais. Pour les jardins et parcelles confrontés à des conditions de culture extrêmes ou à une pression importante des ravageurs, elles représentent parfois la seule alternative pour obtenir des récoltes fiables.

Ce livre part du postulat que la production alimentaire ainsi que la sélection, la collecte et la sauvegarde des semences font partie du patrimoine commun de l'humanité. Nous devons toutes les cultures que nous cultivons aujourd'hui aux paysan·ne·s sélectionneur·euse·s de plantes du passé. Ces gardien·nes de semences ne savaient ni lire ni écrire. Iels ne connaissaient pas la génétique. Sans apprentissage livresque, iels ont réussi à collaborer entre eux·elles, avec les plantes et l'écosystème pour nous léguer d'incroyables cultures.

Le travail que ces personnes ordinaires ont accompli pour développer le maïs, les haricots, les courges et les céréales représente l'accomplissement le plus déterminant et sophistiqué que l'humanité n'ait jamais réalisé. Un exploit méconnu qui éclipse celui des bâtisseur·euse·s des plus belles architectures du monde.

Nous autres, les personnes ordinaires, semblons les plus à même de réaliser le travail de sélection des semences paysannes métissées.

Nous n'avons besoin ni de laboratoires, ni même de livres ; ensemble, collaborant coeurs et esprits au sein de nos communautés

---

3   Population issue de semences paysannes métissées : (en anglais, landrace) groupe de plantes cultivées ensemble dans un environnement spécifique, capables de se reproduire entre elles naturellement, adaptées au terroir et présentant certains caractères communs mais également une grande diversité génétique.

4   Agriculture vivrière* : (également appelée agriculture de subsistance) agriculture centrée sur la production de denrées alimentaires destinées principalement à répondre aux besoins alimentaires de base des populations locales et à la subsistance des paysan·e·s qui les cultivent.

et collectifs locaux, ce que nous pouvons accomplir dépasse l'imagination !

Les techniques utilisées autrefois pour cultiver des aliments et des semences adaptées au terroir demeurent aussi disponibles aujourd'hui que par le passé.

Depuis les années 1950-60 environ, un modèle industriel de production alimentaire a progressivement éloigné les gens des méthodes traditionnelles de production alimentaire. Des « experts » venus d'ailleurs ont remplacé l'expérience et l'approche intuitive sur lesquelles s'appuyaient ces méthodes traditionnelles. Au fil du temps, les gens ont peu à peu abandonné la culture de leur propre alimentation ainsi que la production de leurs propres semences, devenant ainsi de simples rouages de la machine corporative mondiale. Cette rupture avec l'approche directe et expérientielle de la réalité se retrouve dans tous les domaines.

Ce livre présente une méthode alternative, encourageant la souveraineté des communautés locales et des collectifs dans la production alimentaire et semencière.

Je préfère jardiner en pleine conscience et cultiver une relation avec moi-même, les plantes, les animaux et les microorganismes fondée sur la bienveillance. Je refuse de nous traiter comme des pions sur un échiquier. Lorsque je récolte des graines par une chaude journée d'automne, ma mélodie intérieure englobe tous les êtres vivants qui ont existé et qui continueront de vivre dans cet écosystème à travers les âges. Mes techniques de récolte cherchent à préserver toutes les relations interspécifiques*[5] qui existent comme les symbiotes microbiens[6] que les plantes ont nourries au fil des années.

Ce livre se veut un message d'espoir. La production alimentaire, la sauvegarde des semences et la sélection des plantes demeurent aujourd'hui encore à la portée des villages et des jardinier·ère·s ordinaires. Notre dépendance à l'éducation, aux experts, aux multinationales ainsi qu'aux produits qu'iels nous vendent ne constitue en rien un destin inéluctable.

---

5 Interspécifiques* : entre les espèces*
6 Symbiotes microbiens : microorganismes qui vivent en symbiose avec les plantes et qui contribuent à leur santé et leur nutrition en fournissant des nutriments essentiels ou en améliorant leur capacité à absorber les nutriments du sol. Ces symbiotes peuvent inclure des bactéries, des champignons et d'autres microorganismes bénéfiques qui interagissent avec les racines des plantes pour établir des relations mutuellement bénéfiques.

Nous pouvons cultiver des semences d'une qualité exception-nelle, adaptées à nos différents terroirs respectifs pour qu'elles prospèrent au sein de nos communautés locales, de nos collectifs et de nos jardins.

Grâce à leur diversité génétique et leur pollinisation débridée*, la culture de semences paysannes métissées nous offre l'opportuni-té d'atteindre la souveraineté alimentaire.

Cache Valley dans l'Utah (États-Unis)

Un des champs de Joseph

Joseph Lofthouse,
Paradise, Cache Valley, Rocky Mountains

XIX

Chapitre 1 : Sélection naturelle

L'utilisation de semences paysannes métissées* représente la méthode ancestrale employée pour la culture de denrées alimentaires jusqu'à une période très récente. Elle repose sur le principe de la sélection naturelle*[1]. Ces semences se caractérisent par leur adaptation aux différents terroirs et pratiques locales, leur diversité génétique et leur pollinisation débridée*. Cet ouvrage met en lumière l'étroite relation qui les unit à celles et ceux qui les cultivent.

Les semences paysannes métissées évoluent avec leur milieu. Les plantes les plus susceptibles de prospérer proviennent de celles qui ont réussi à s'adapter.

Lorsque je plante des graines achetées dans le commerce, environ 75 à 95 % d'entre elles échouent. Mes voisin·e·s se plaignent que mes populations métissées* prospèrent dans mon champ avec un arrosage hebdomadaire, tandis que leurs cultivars[2] achetés sur catalogue se dessèchent et meurent, même avec un arrosage quotidien. Quand je les interroge sur la provenance géographique de leurs semences, iels évoquent avec fierté les avoir obtenues d'exploitations agricoles biologiques établies sur les côtes de l'Oregon.

Nos paramètres de culture s'apparentent à celles d'un désert, aride à l'extrême, en haute altitude, baigné d'une intense luminosité, et soumis à d'ample variations de température entre le jour et la nuit, et d'une saison à l'autre. Ces semences en provenance de l'Oregon ont poussé en basse altitude, dans un climat océanique tempéré marqué par des conditions nuageuses et humides. Elles proviennent d'une zone géographique radicalement différente, caractérisée par des conditions de culture diamétralement opposées à celles qui prévalent ici. Ces graines ne possèdent pas les compétences génétiques nécessaires pour prospérer dans notre environnement local.

D'une manière générale, une grande partie des semences vendues dans le monde par l'industrie semencière n'inclut et ne garantit pas certaines mentions essentielles comme les détails de leurs

---

1   Sélection naturelle* : mécanisme par lequel les plantes les mieux adaptées aux épreuves imposées par le·la paysan·ne ou l'environnement vont réussir à survivre et se reproduire.

2   Cultivar* : variété* cultivée d'une espèce* végétale délibérément sélectionnée ou développée pour des caractéristiques spécifiques désirables, telles que la couleur ou la forme. Généralement dotés de noms spécifiques, on les propage par des méthodes permettant de maintenir leurs traits désirables à travers les générations.

conditions de culture. Elles peuvent potentiellement émaner de n'importe quelle zone géographique du globe avec des climats, des sols et des écosystèmes totalement distincts.

Je parviens à améliorer la productivité de ma ferme en cultivant des graines issues de ma région biogéographique. Les meilleurs résultats proviennent cependant de la culture de mes propres populations* hyper-localisées. En effet, non seulement les graines évoluent en fonction des divers climats et conditions de culture, mais elles s'adaptent également à mes propres pratiques agricoles.

Le maïs doux dénommé Astronomy Domine m'a introduit à la culture de semences paysannes métissées. Il s'agissait d'un projet de sélection initié par Alan Bishop de Bishop's Homegrown à Pekin dans l'Indiana, visant à créer un grex*[3] contenant des centaines de variétés de maïs doux. Il contenaient des graines de maïs hybrides modernes*[4], des semences paysannes de maïs de variétés population*[5] et de variétés patrimoniales*[6].

Lorsque j'ai semé ces différentes graines, certaines ont péri, d'autres ont prospéré. Les faisans en ont mangé certaines, les moufettes d'autres. Dans l'ensemble, ces cultures ont cependant donné de superbes résultats. J'ai sauvegardé les semences des meilleurs pieds de maïs, et les ai ressemées. La récolte s'avéra fantastique. Le maïs présentait une vigueur, une productivité, une couleur et une saveur bien meilleures que le maïs hybride doux du commerce que ma famille avait cultivé pendant des décennies.

---

3   Grex* : (en anglais, grex ou hybrid swarm) mot latin qui désigne, dans ce livre, un mélange sélectionné et hétérogène de diverses variétés* et/ou populations*, cultivées ensemble, dans le but de les laisser se croiser. Il représente une forme précurseure de population paysanne métissée*.

4   Hybrides modernes (parfois référés sous le terme de « hybrides F1 »)* : hybrides créés par l'industrie semencière à l'utilisation généralisée dans l'agriculture commerciale. Bien que dits « non reproductibles », ils s'avèrent en réalité capables de se croiser et de produire des graines mais leurs descendants ne conserveront pas les mêmes caractéristiques génétiques que la plante mère. (Voir Chapitre 4).

5   Variété population* : (en anglais, landrace) terme utilisé pour désigner un concept similaire à celui, créé par les auteur·e·s de « population paysanne métissée* » tel que défini dans cet ouvrage. Ces variétés, potentiellement des populations* en termes génétiques, s'avèrent génétiquement diversifiées et adaptées aux terroirs dans lesquels elles évoluent et se reproduisent librement.

6   Variétés patrimoniales* : (en anglais, heirlooms) également appelées « variétés anciennes », « traditionnelles », « héritage » ou « historiques ». (Voir chapitre 4).

*Maïs doux Astronomy Domine, récolte de la première population
paysanne métissée de Joseph*

Dix ans plus tard, ma population d'Astronomy Domine diffère en bien des points de celle d'Alan. Elle a des grains plus colorés et une plus grande précocité : elle arrive à maturité dix jours plus tôt.

Cette population de maïs doux m'a conquis et j'ai converti toute ma ferme à la méthode culturale qui avait engendré cette merveille. J'ai choisi de commencer ce processus par le melon puisque, dans mon jardin, ses variétés* traditionnelles n'arrivaient pas à maturité avant les premières gelées automnales. Les cultures allogames*[7], comme le melon, s'adaptent rapidement au mode de culture en population métissée. Leur recours à la pollinisation croisée génère une vaste diversité génétique permettant d'engendrer de nouvelles plantes adaptées à ma ferme.

---

7   Cultures allogames* : cultures qui recourent à la pollinisation croisée* pour leur reproduction. Elles dépendent d'agents pollinisateurs comme les abeilles ou le vent pour transporter le pollen d'une plante à l'autre et se reproduire.

Pour commencer mon projet de métissage du melon, j'ai sauvegardé les graines des quelques rares melons ayant produit des fruits lors de la saison précédente. J'y ai ajouté de nombreuses variétés provenant d'étals de fermes locales, de sites Internet, de catalogues de graines et de rayons de supermarchés. Certaines variétés n'ont pas germé. Certaines ont succombé aux assauts des insectes. D'autres n'ont pas poussé dans le froid. Certaines ont manifesté une vigueur remarquable : les deux plantes qui ont le mieux poussé ont produit davantage de fruits que l'ensemble des autres plantes du groupe réunies.

Dès le début de la saison, il apparaissait clairement que certaines plantes s'épanouissaient tandis que d'autres ne se développaient que lentement.

Dans un projet de métissage de semences paysannes, j'éclaircis très peu. Mon objectif consiste à m'assurer que toute plante en mesure de produire des graines puisse apporter son matériel génétique à la population. Les années suivantes, ma sélection porte davantage sur des critères tels que la productivité et le goût. Les chapitres ultérieurs explorent les nuances de l'éclaircissage.

J'ai récolté ces graines et les ai ressemées. Quelle surprise ! Habitué à tenter de cultiver des melons peu adaptés à mes conditions climatiques, je n'aurais pas pu imaginer que cette culture puisse offrir une production si abondante. A chaque passage, je ramassais quarante-cinq kilos de fruits !

Je considère la troisième année d'un projet de métissage de semences paysannes comme l'année véritablement magique. La première année, les plantes inadaptées disparaissent. La deuxième année, les survivantes se pollinisent entre elles.

La troisième année, les meilleures se croisent avec les meilleures. Même sans taux de croisement élevé, les plantes de la troisième année bénéficient de deux années d'adaptation locale et de sélection.

Susan Oliverson cultive des melons dans la même vallée montagneuse que moi. Nous avons échangé de nombreuses graines de melon. J'ai confiance dans ses semences car nous partageons le même climat, le même sol, la même altitude et les mêmes insectes. Nous valorisons tou·te·s les deux la diversité. Ses graines ont prospéré dans mon jardin. Nous avons baptisé cette nouvelle population de melon le Lofthouse-Oliverson Landrace[8] Muskmelon.

Plant d'épinard issu de semences paysannes métissées par rapport à celui issu de semences importées (encadré en rouge)

Un aspect essentiel de la culture de semences paysannes métissées réside dans la collaboration qu'elle encourage à l'échelle locale et biorégionale ainsi qu'entre les écosystèmes similaires à travers le globe.

J'ai ensuite aisément converti les épinards à la culture en population métissée. J'ai semé plusieurs variétés d'épinards côte à côte puis j'ai éliminé les plantes à croissance lente ou susceptibles de monter rapidement en graines. Parmi les 12 variétés intégrées au projet initial, environ 4 ont pu s'adapter à mon jardin. Je les ai laissées se croiser et produire des graines. Quelques années plus tard, quelqu'un m'a donné un paquet de graines d'épinards du commerce. Je les ai semées à côté de mes propres semences paysannes métissées adaptées à mon terroir. Les épinards importés ont commencé à monter en graine quand ils ont atteint 8 cm de hauteur alors que les épinards issus de mes semences produisaient des feuilles de trente centimètres de long.

Le projet de métissage de la pastèque a initialement réuni des collaborateur·trice·s venant des quatre coins du monde. Les participant·e·s ont commencé par échanger de nombreuses graines de pastèques. Même si les semences provenant de régions lointaines ou de grandes entreprises semencières ont apporté une diversité cruciale, celles provenant des collaborateur·trice·s les plus proches de moi géographiquement m'ont procuré les résultats les plus

---

8   Landrace : (en anglais, également appelé modern landrace) terme réinventé par Joseph dans la version originale, en anglais et traduit dans la présente édition française par les termes « semences paysannes métissées* » ou « population paysanne métissée* » (abrégée à « population métissée* »).

fiables. Les cultures génétiquement diversifiées et aptes à la pollinisation croisée* réorganisent leur matériel génétique pour s'adapter efficacement aux conditions locales.

Dégustation de pastèques

Pour initier ce projet de métissage de la pastèque, j'ai semé environ 700 graines. Le premier semis comprenait des semences de fruits issus du croisement par pollinisation débridée*[9] de centaines de variétés de pastèques. Au terme de la première année, j'ai récolté cinq fruits : un taux de réussite extrêmement encourageant pour un programme d'amélioration des plantes fondé sur la sélection naturelle. L'un de ces fruits provenait d'une variété patrimoniale* de pastèque que mon père avait préservée pendant des décennies au sein de notre vallée.

Parfois, lorsque je commence à adapter une nouvelle culture à mon jardin, il m'arrive d'importer des centaines de variétés afin d'effectuer des croisements à grande échelle. D'autres fois, j'opte pour une approche lente et régulière. Je détaille ces deux approches dans un chapitre ultérieur.

J'ai adopté l'approche lente et régulière dans le cadre de mon projet de métissage des panais. Mon sol gelant dès l'automne, cela rendait les panais difficiles à récolter sans les casser. La majeure partie de la racine restait prisonnière dans le sol. Mes collaborateur·trice·s et moi avons commencé avec un type de panais appelé Panais à Racine de Navet en raison de son élargissement caracté-

Panais à racine de navet

ristique à la base de la plante qui rappelle la forme du navet. Nous l'avons laissé se polliniser avec un panais de forme courante for-

---

9   Pollinisation débridée* : (en anglais, promiscuous pollination) synonyme dans cet ouvrage de pollinisation croisée*.Terme empreint de facétie créé par Joseph pour indiquer l'importance fondamentale qu'il accorde à ce type de pollinisation dans la création et le maintien de semences paysannes métissées*. (Voir chapitre 7).

mant une racine plus vigoureuse et plus profonde. Par la suite, nous avons procédé à une nouvelle sélection pour ne conserver que la forme de racine de navet. Il apparaît peu probable que je réintroduise à l'avenir les panais à racine longue, car je souhaite préserver la forme actuelle que nous avons obtenue par sélection.

Par expérience, j'ai observé que quand on sème ces cultures génétiquement diversifiées, elles se croisent et subissent une sélection naturelle. Elles se reproduisent et se sélectionnent d'elles-mêmes. Il ne me reste qu'à m'abstenir d'intervenir. Je plante au moment opportun et j'irrigue ou désherbe si nécessaire.

Je ne bichonne pas mes plantes. Si l'une d'entre elles peine à lutter contre une maladie ou des ravageurs, je l'élimine. Je n'essaie pas de la sauver, de lui consacrer mon énergie ou de lui appliquer des traitements phytosanitaires de type pesticides, pulvérisations ou herbicides. En l'arrachant précocement, j'empêche la dispersion de son pollen et de son patrimoine génétique dans le reste du champ. J'explore les nuances de cette approche dans le chapitre sur les ravageurs et les maladies.

De nombreux·ses jardinier·ère·s et paysan·ne·s investissent énormément de temps et de ressources dans la culture de leurs tomates. Iels éloignent les pieds du sol, les soutiennent avec des tuteurs et les taillent pour laisser l'air circuler. Iels recourent constamment à des pulvérisations. De mon côté, je laisse mes tomates s'étaler sur le sol. Je les ignore. Si une variété ne peut pas résister aux ravageurs et aux maladies locales, ou à mes méthodes de laisser-faire, je n'en veux pas dans mon jardin. Je privilégie la culture de variétés adaptées à mon terroir qui s'avèrent en mesure de s'épanouir dans mes conditions culturales actuelles.

Les plantes peuvent plus facilement faire évoluer leur matériel génétique que je ne peux transformer leurs conditions de croissance. Par conséquent, je m'abstiens d'épandre de l'engrais dans mes champs ou d'amender mon sol d'une façon ou d'une autre. Si j'ajoutais de l'engrais, du compost ou de quelconques amendements cela reviendrait à sélectionner des plantes qui en dépendent pour leur croissance.

Il s'avère fréquemment préjudiciable de transplanter[10] les plantes. Je préfère donc, dans la mesure du possible, faire mes se-

---

10   Transplanter : processus qui consiste à faire ses semis en intérieur, dans des pots, dans le but de repiquer ces plants en terre, au jardin, plus tard dans la saison, quand ils ont grandi et que le temps s'y prête.

mis directement en pleine terre. Les cultures qui en émergent affichent généralement une vigueur et une fiabilité nettement supérieures à celles des plants transplantés. La capacité des plantes à survivre et s'épanouir en semis direct représente, pour moi, un important critère de sélection.

Je n'aime pas désherber. En refusant d'arracher les adventices*[II], je favorise les plantes capables de les surpasser en vigueur. De ce fait, quand les gens les plantent dans un jardin régulièrement désherbé, elles s'y épanouissent de manière fabuleuse ! Pendant plusieurs années consécutives, ma récolte de carottes a été compromise par les adventices. Germination laborieuse, croissance lente : les adventices finissaient par étouffer mes carottes. J'ai sauvegardé les graines des rares spécimens qui avaient pu leur résister pendant plusieurs années d'affilée. Leur descendance se compose désormais de plantes robustes à croissance rapide. J'applique ce type de stratégie concurrentielle face aux adventices pour toutes mes cultures. En règle générale, elles se contentent désormais d'un désherbage unique, peu de temps après la germination.

Les adventices fournissent une partie importante de mon alimentation. En me voyant travailler au jardin, vous pourriez avoir du mal à savoir si je récolte ou si je désherbe. Beaucoup d'adventices atterrissent directement dans ma bouche.

La sélection naturelle se définit comme la capacité de survivre à toutes les épreuves imposées par le·la paysan·ne ou l'environnement.

II   Adventices : également appelées mauvaises herbes dans le langage courant.

Lis d'un jour comestible : un goût fabuleux !

Les courgettes : des courges d'été ou d'hiver

Chapitre 2 : Artisanat face à l'industrie

La culture de semences paysannes métissées implique la production locale et artisanale de nourriture, la sauvegarde des semences et la sélection des plantes. À travers l'histoire, l'équilibre a oscillé entre la production alimentaire à l'échelle locale et la centralisation. L'ère de la centralisation a aujourd'hui atteint ses limites. Les gens se tournent de nouveau vers la production décentralisée de ces denrées. Les semences adaptées aux terroirs jouent un rôle crucial pour créer des systèmes alimentaires sains.

Histoire et politique

Pendant 10 000 ans, l'agriculture a prospéré en s'appuyant sur des cultures de populations végétales* spécifiquement adaptées aux différents terroirs. Les paysan·ne·s, comme les jardinier·ère·s, sauvegardaient les semences issues de leurs propres récoltes. Entre voisin·e·s, les semences faisaient l'objet de fréquents partages, instaurant ainsi une dynamique de production et de conservation alimentaire à l'échelle locale. La diversité génétique et la pollinisation croisée contribuaient à l'adaptation des cultures aux fluctuations environnementales.

Il y a environ 60 ans, de grandes entreprises ont entamé un processus de sélection végétale, favorisant l'uniformité et la capacité à résister au transport. Elles ont éliminé la majeure partie de la diversité génétique préalablement existante en pratiquant des croisements consanguins intensifs[1]. Pour pallier les problèmes résultant de cette endogamie[2] et les défis liés au transport, elles ont eu recours à des pesticides, herbicides, fongicides, engrais, agents de maturation et conservateurs.

Les plantes cultivées dans ce système ont largement perdu le patrimoine génétique qui leur permettait auparavant de répondre aux ravageurs, aux maladies et aux conditions de croissance défa-

---

1   Croisements consanguins intensifs : pratique de reproduction pratiquée pour la sélection des végétaux dans laquelle on croise des plantes apparentées (c'est-à-dire des plantes génétiquement très similaires ou identiques par exemple des plantes issues de la même souche ou lignée) de manière répétée, sur plusieurs générations, dans le but de fixer certaines caractéristiques génétiques désirées. Ce processus a conduit à une perte significative de diversité génétique au sein de ces cultures, ce qui les rend plus vulnérables aux ravageurs, maladies et conditions de croissance défavorables ou changeantes.

2   Endogamie* : reproduction entre des plantes étroitement apparentées.

vorables. Elles ont évolué vers une dépendance aux produits chimiques synthétiques.

Les jardinier·ère·s amateur·trice·s hésitent à se contaminer eux·elles-même ou leurs cultures avec des produits chimiques. Iels suivent rarement à la lettre les contraintes de pulvérisations rigoureuses requises pour obtenir un rendement optimal avec les cultures fortement consanguines*[3].

On récolte le fruit de notre sélection, même lorsque cette sélection s'avère involontaire. Ainsi, les jardinier·ère·s et paysan·ne·s qui emploient du compost, du paillis ou des copeaux de bois favorisent les plantes qui prospèrent le mieux grâce à ces apports. L'industrie semencière a orienté son choix vers des variétés exigeant des engrais inorganiques, des produits phytosanitaires et des désherbants. Lorsque l'on cultive ces semences industrielles dans des conditions différentes, elles peinent à survivre.

Les cultures présentant une diversité génétique assurent des récoltes fiables en dépit des changements du milieu et contextes dans lesquels on les cultive. Celles capables de pollinisation croisée* réarrangent leur matériel génétique pour tirer le meilleur parti de ces nouvelles conditions.

Les cultures hautement consanguines ou clonées ont contribué à de graves échecs agricoles à travers l'histoire : le mildiou de la pomme de terre en Europe de 1845 à 1857, la rouille du maïs en Afrique du Sud dans les années 1950, le mildiou du maïs aux États-Unis en 1970 et l'échec du maïs génétiquement modifié en Afrique du Sud en 2009. Des cultures telles que le café, la banane, le blé, la pomme de terre et la tomates font actuellement face à des menaces de perturbations systémiques*[4]. J'estime que l'échec du riz moderne en Inde contribue au taux alarmant de suicides parmi les paysan·ne·s.

Les cultures présentant une diversité génétique permettent de mieux éviter les risques d'effondrements systémiques. Je cultive près de 5.000 variétés de maïs doux. Il se peut qu'une méga-ferme n'en cultive qu'une seule. La diversité génétique contenue dans un seul épi de maïs doux de mes populations métissées dépasse celle de centaines d'hectares de maïs doux commercial.

---

3   Cultures consanguines* : issues de la reproduction entre des plantes étroitement apparentées.

4   Menaces de perturbations systémiques* : menaces affectant l'ensemble du système agricole, y compris les cultures, les écosystèmes environnants, les pratiques agricoles et les communautés agricoles.

Les variétés patrimoniales* désignent des variétés qui ont prospéré il y a bien longtemps, dans une ferme lointaine, dans des conditions qui n'ont plus grand chose en commun avec celles de mon propre jardin. Je génère constamment de nouvelles variétés qui pourraient devenir, d'ici 50 ans, les variétés patrimoniales de demain.

Une perturbation sociale récente a engendré une situation dans laquelle les entreprises semencières n'ont pas pu satisfaire la demande. Confrontées à des problèmes de personnel, d'équipement et d'approvisionnement des graines, elles n'ont pas réussi à répondre aux besoins. Les supermarchés ont mis en lumière la vulnérabilité du modèle de livraison mondialisé appelé juste-à-temps (JAT), en se trouvant dans l'incapacité de fournir de nombreux types d'aliments et de produits. Certains gouvernements ont interdit la vente de graines en tant que produits non essentiels.

Cultiver des populations adaptées au terroir entre voisin·e·s ou au sein de collectifs offre la meilleure source de souveraineté alimentaire. Une communauté qui assure sa propre production d'aliments et de semences se trouve moins exposée aux influences des multinationales et des acteur·trice·s politiques délocalisé·e·s.

Parabole du peuple des collines

Cela fait des millénaires que nous connaissons les principes de base de la reproduction et de la sélection des végétaux : les plantes produisent des graines que l'on peut récolter et ressemer; leurs descendants partagent les traits de leurs parents et grands-parents. Forte de ces connaissances de base et dépourvue de tout enseignement formel, l'humanité a domestiqué les espèces* alimentaires que nous cultivons aujourd'hui.

Pendant des dizaines de milliers d'années, des personnes illettrées ont entrepris la sélection minutieuse d'espèces végétales et animales permettant leur subsistance. Iels ont écarté les variétés toxiques et les plantes trop fibreuses. Iels ont sélectionné les plantes en fonction de leur productivité et de leur résistance aux ravageurs et maladies. Iels ont favorisé celles aux goûts exceptionnels qui permettaient d'assurer un apport nutritionnel significatif.

A cette occasion, l'humanité a formé une alliance avec les végétaux. Les plantes ont consenti à produire de manière prolifique et à abandonner toxines, épines et substances anti-nutritionnelles. En contrepartie, l'espèce humaine a pris l'engagement de protéger, nourrir et préserver les plantes. Cette collaboration a permis à l'humanité de coévoluer[5] avec les plantes et d'instaurer des relations symbiotiques*[6] mutuellement bénéfiques.

En plus des relations symbiotiques observables à l'œil nu, des relations symbiotiques invisibles se développèrent également avec les microbes coexistant avec les végétaux et l'espèce humaine.

Certaines plantes et sociétés approfondirent encore davantage leur symbiose : ces dernières décidèrent d'adopter un mode de vie sédentaire afin de se rapprocher davantage des plantes céréalières, pour mieux les protéger contre les prédateurs et la concurrence des herbes sauvages. L'abondance des ressources alimentaires libéra du temps auparavant dédié à la survie quotidienne, permettant ainsi de s'investir davantage dans des activités culturelles.

L'humanité se divisa alors en deux groupes distincts : les peuples dits « civilisés » choisissant une vie citadine près des cultures céréalières, et les peuples des collines optant pour un mode de vie nomade de chasseur·se·s-cueilleur·se·s. Les peuples des collines domestiquèrent également des plantes mais en faisant preuve d'une préférence marquée pour l'horticulture pérenne[7] plutôt que pour l'agriculture annuelle.

Les peuples dits « civilisés » découvrirent qu'ils pouvaient stocker les céréales sur des périodes allant de quelques mois à plusieurs décennies. Ils entreposèrent alors ces céréales dans des greniers à grain afin de les préserver, et désignèrent des individus au physique intimidant pour en assurer la garde. Par la suite, ces individus, ayant obtenu le contrôle des réserves de grains, exigèrent obéissance en échange de nourriture, dépêchant des représentant·e·s pour garantir que l'intégralité de la production de céréales converge vers des dépôts à grain centralisés, plutôt que de rester dans les greniers individuels.

De leur côté, les peuples des collines continuèrent à vivre selon leurs méthodes traditionnelles, cultivant des denrées périssables qui ne se prêtaient peu à la centralisation et au transport. Ils culti-

---

5   Coévoluer : évoluer ensemble
6   Relations symbiotiques* : interactions étroites et durables entre deux organismes de différentes espèces*, dans lesquelles les deux organismes bénéficient mutuellement de leur association.
7   Horticulture pérenne* : pratique agricole qui consiste à cultiver des plantes vivaces* (autrement dit, des plantes qui continuent de produire des récoltes pendant plusieurs années sans avoir besoin qu'on les replante chaque année).

vaient de modestes jardins qui ne valaient pas le temps d'un·e bureaucrate. Ils s'approvisionnaient en denrées alimentaires prélevées dans les zones naturelles et difficilement comptabilisables. Ils élevaient des volailles et pratiquaient la transhumance avec leurs troupeaux. Ils cultivaient des cultures pérennes qui pouvaient passer des années sans nécessiter de récoltes, ou des cultures annuelles capables de prospérer sans intervention humaine.

Les gens dits « civilisés » procédèrent ensuite à l'industrialisation de leur système de production alimentaire, déployant d'importants contingents robotisés dans les champs et les entrepôts, tout en comptant sur un nombre aussi limité que possible de travailleur·se·s sous-payé·e·s pour assurer le fonctionnement de ces machines. Ils polluèrent l'atmosphère, le sol, l'eau et leur propre corps par le déversement incessant de substances toxiques. Les sols, autrefois vivants, cédèrent la place à des terres inertes, tandis que les rivières et les océans se transformèrent en zone morte.

L'industrialisation du système alimentaire décima les microbes, les mycorhizes[8] et des endophytes[9] indispensables à la croissance de plantes saines.

Les cultures des peuples dits « civilisés » perdirent toute vigueur du fait de leur consanguinité. Elles perdirent l'intelligence génétique qui leur permettait auparavant de faire face au stress environnemental. La mécanisation et l'utilisation excessive de pulvérisations et d'engrais ainsi que de produits chimiques pour la protection des cultures, rendirent ces plantes dépendantes des machines, renforçant leur déclin. Les plantes de ces peuples firent désormais preuve d'une croissance difficile dans des environnement plus naturels.

---

8 Mycorhizes : associations symbiotiques* entre les racines des plantes et certains champignons du sol. Les mycorhizes peuvent améliorer l'absorption des nutriments tels que l'azote, le phosphore et les micronutriments par les plantes, et contribuer à améliorer la résistance des plantes aux maladies et au stress environnemental. Elles jouent un rôle crucial dans la santé des sols et dans le maintien de la biodiversité.

9 Endophytes : microorganismes, principalement des champignons ou des bactéries, qui vivent à l'intérieur des tissus des plantes, dans les feuilles, les tiges, les racines ou d'autres parties de la plante. Certains endophytes, connus pour fournir des avantages aux plantes hôtes, tels que la protection contre les herbivores, les maladies et les stress environnementaux, améliorent la croissance et la nutrition des plantes. Ils contribuent également à la santé des sols et à la résilience des écosystèmes.

Les peuples dits « civilisés » se retrouvèrent également dépendants des robots pour leur subsistance. Ils en vinrent à suivre aveuglément les directives d'individus dominants, afin de garantir leur accès à la nourriture. Ces peuples devinrent durs comme les machines qui les nourrissaient. La peur, la suspicion et le désespoir s'installa dans leurs cités et dans leurs cœurs. Ils en oublièrent comment chanter et danser, préférant observer passivement des performances réalisées par d'autres et médiatisées par les robots.

Les animaux et les végétaux cultivés par les peuples des collines conservèrent une mémoire génétique intacte leur permettant de s'adapter aux différents insectes, maladies, paysan·ne·s, sols et écosystèmes. Ces peuples, ainsi que leurs plantes, maintinrent une symbiose harmonieuse avec les plantes sauvages, les animaux, les microbes, les mycorhizes et les endophytes. Leurs cultures, caractérisées par leur diversité et leur adaptabilité, continuèrent à produire une abondance de nourriture de qualité, leur offrant paix et autonomie.

Ces peuples célébraient souvent leur bonne fortune et rendaient hommage à la sagesse de leurs ancêtres végétaux et humains. Ils se rassemblaient pour chanter, danser et exprimer leur gratitude envers la saveur exquise de leurs aliments, la vitalité de leurs plantes, les merveilles du monde naturel et de leurs communautés. Leurs musiques et leurs danses s'élevaient spontanément, émanant d'instruments simples, de leur imaginaire et du plus profond de leurs êtres. Une atmosphère de joie, de paix et de collaboration imprégnait leurs communautés.

La permaculture autrement :
des fraises en association avec des champignons

Des pruniers cultivés à partir de noyaux de prunes

C4   Amère, acide, aigre, notes d'agrume, lumineuse
A4-2 Aigre, astringente, notes de citron vert, notes d'agrume, dégoûtante !
A5-1 Douce, plaisante, notes de melon, fade, notes de fenouil
M1   Lumineuse, goût de chien mouillé, explosion de saveurs
      musquées, goût de noisettes, notes de melon, goût de lait caillé
C5-5 Acide, peu originale, légère, riche en saveur, fade, insipide, fraîche
C5-   Jaune doux, insipide, dégoutante, peu acide, farineuse, peu sucrée
C3   Acide, acidulée, waouh ! notes de melon honeydew,
      sucrée, notes de melon
C5-1 Notes sucrées et florales, insipide, goût de fermentation, bon équilibre
A1-1 Gagnante de la dégustation, notes de mangues,
      exceptionnellement bonne, waouh! la meilleure.
A4-3 Aigre, acidulée, fade, insipide
A4-1 Juteuse et verte, notes acidulées, excellente saveur initiale,
      peau de concombre
C5-4 Goût de melon, délicieuse, saveur originale et sucrée, délicieuse

Dégustation de tomates
Résumé des commentaires les plus fréquents parmis les
testeur.se.s participant.e.s

Chapitre 3 : Amélioration continue

Avec les semences paysannes métissées*, non seulement mes cultures prospèrent mais elles s'améliorent d'année en année. Cela représente l'un des avantages majeurs de ce type de semences. Les graines que je cultive poussent bien mieux que celles que je pourrais acheter dans le commerce.

Lorsque j'achète des graines d'un semencier industriel, je ne peux jamais prédire ce qu'elles donneront dans mon jardin. Des graines disposant de caractéristiques génétiques différentes peuvent même porter une appellation identique. En semant trois ou quatre variétés* de semences et en préservant les graines de celles les mieux adaptées à mon environnement, je sélectionne des plantes à même de s'épanouir chez moi. Cette démarche assure une production fiable d'années en années.

Les entreprises multinationales testent leurs semences dans des jardins standards soumis à des conditions ordinaires. Ces graines donneront rarement de meilleurs résultats que les graines adaptées aux conditions particulières d'un jardin spécifique.

Afin d'obtenir les meilleurs cultivars* pour chacun de nos jardins, je crois que nous devons cultiver des plantes génétiquement diversifiées et capables de se reproduire par pollinisation débridée*. Nous devons ensuite récolter, conserver et multiplier leurs graines dans nos jardins, nos collectifs et nos communautés locales.

Dans ma ferme, les conditions de culture s'avèrent extrêmement difficiles en raison de l'altitude élevée et de la brève saison de croissance. A l'époque où je ne sauvegardais pas mes propres graines, je ne pouvais pas cultiver de manière fiable de nombreux légumes méditerranéens.

Je me rappelle d'une saison où une amie avait entrepris de cultiver des courgettes dans mon jardin. Elle avait choisi des semences commerciales standards. Ces plants de courgettes semblaient attirer maladies et insectes comme la peste. Ils n'ont pas survécu longtemps. Pendant ce temps, mes courgettes poussaient, impassibles. J'avoue avoir ressenti une certaine satisfaction à observer cette situation. Bien que je ne prenne généralement pas plaisir au malheur d'autrui, j'ai fait une exception dans ce cas ! Quelle parfaite démonstration de l'intérêt de cultiver des semences paysannes métissées !

Amélioration de la fiabilité et de la productivité

J'apprécie tout particulièrement la fiabilité et la productivité des cultures issues de semences métissées. Plusieurs générations d'ancêtres de ces cultures ont prospéré et produit des graines dans ma ferme. Comme les descendants des végétaux héritent des caractères de leurs parents et grands-parents, les graines que j'ai produites moi-même donnent généralement d'excellentes récoltes. Leurs ancêtres végétaux ont déjà prouvé qu'ils avaient ce qu'il fallait pour survivre dans ce contexte climatique et agricole spécifique.

À mesure que le climat évolue d'une année sur l'autre, une population* génétiquement diversifiée et capable de se reproduire par pollinisation débridée s'adapte progressivement à ces variations.

Je ne peux pas faire confiance à des graines qui proviennent de régions ou de fermes lointaines : elles ont poussé dans un écosystème trop différent du mien.

Courges d'hiver (pas arrivées à maturité) la première année

En revanche, je peux compter sur les graines qui ont poussé sur les terres que mes voisin·e·s ou moi-même cultivons. Elles ont prouvé leur adaptation aux spécificités de ma vallée.

La plupart des variétés commerciales peinent à produire la moindre récolte dans mon jardin. La première année, seules quelques plantes peuvent s'avérer capables de me donner des graines avant les premières gelées d'automne. L'élément essentiel pour créer des populations métissées* consiste à sauvegarder les graines de ces plantes qui ont poussé dans nos propres jardins, même si cela implique de les prélever sur des fruits et légumes qui n'ont pas encore atteint leur maturité. Ces graines s'avèreront probablement assez viables pour germer.

Les années suivantes, les récoltes deviennent de plus en plus précoces. Lors de la troisième saison, du fait de l'interaction entre la sélection naturelle et les croisements génétiques, les plantes commencent à pleinement s'épanouir.

Prenons l'exemple de mon projet de métissage des courges moschata*. Les trois premières années, les gelées précoces ont anéanti ces courges 88 et 84 jours après leur plantation. Ce phénomène a induit une forte pression de sélection en faveur des plantes aux périodes de maturation les plus courtes.

Dans le cas du maïs doux Astronomy Domine, il a fallu une sélection graduelle pendant 5 ans pour arriver à une maturité plus précoce. Des décisions intentionnelles et des éléments fortuits ont influencé cette sélection.

Je sélectionne mes cultures pour une maturité précoce car la brièveté de ma période de croissance constitue une des raisons majeures pour laquelle les variétés commerciales produisent mal dans mes champs.

La précocité croissante résulte simultanément du processus de sélection naturelle et des choix des paysan·ne·s, collectifs locaux et communautés dans lesquelles

Courges d'hiver (arrivées à maturité) la troisième année

iels évoluent. Plus une culture mûrit rapidement, plus elle gagne en fiabilité. Les habitant·e·s des climats chauds apprécient également cette caractéristique car elle leur permet de dépasser les contraintes saisonnières et d'effectuer deux récoltes par an. Iels peuvent obtenir une récolte avant que ne surviennent la saison des insectes, des maladies, des conditions météorologiques défavorables ou des ravageurs. Ultérieurement dans cet ouvrage, une section approfondit cette notion de décalage des saisons de culture[1].

Cette sélection s'effectue le plus rapidement au sein des populations génétiquement diversifiées qui se reproduisent par pollinisation croisée. En effet, la diversité génétique joue un rôle essentiel dans ce mécanisme en dotant les plantes des ressources génétiques nécessaires leur permettant de mieux s'adapter à leur environnement. La pollinisation débridée* revêt également une importance

---

1   Décalage des saisons de culture* : culture de plantes à des saisons différentes de celles auxquelles elles ont coutume de pousser. (Voir chapitre 6).

capitale en offrant aux plantes la possibilité d'explorer plus rapidement de nouvelles combinaisons génétiques.

En annexe un tableau énumère les espèces les plus faciles à convertir à un mode de culture en population métissée. J'aborde également la façon d'encourager les croisements parmi les espèces qui ne se croisent que rarement dans le chapitre sur la pollinisation débridée.

Amélioration de la qualité gustative des aliments

En sauvegardant mes propres semences, d'année en année, en fonction de mes préférences gustatives, je développe des lignées de légumes qui se distinguent par leur goût exceptionnel.

Les pseudo fruits et légumes issus de l'agriculture industrielle ne me procurent guère de plaisir. Je m'étonne et m'attriste que les gens se trouvent contraints de tolérer une nourriture aussi fade. De nombreuses variétés disponibles dans les grandes surfaces me semblent difficilement mangeables.

Une université a mené une enquête pour déterminer pourquoi ma clientèle achetait mes produits. Les réponses obtenues m'ont surpris. Je m'attendais à ce que mes consommateur·trice·s évoquent la culture biologique, l'origine locale ou la fraîcheur de mes récoltes. Pas du tout ! La principale motivation des acheteur·trice·s résidait dans la saveur de mes légumes. Ce constat m'a incité à redoubler d'attention vis-à- vis de ce critère de sélection.

Afin de préserver et d'améliorer la saveur de mes cultures, je prends soin de goûter chaque fruit avant d'en sauvegarder les graines. Je ne conserve pas les semences des produits au goût insipide. Au bout de quelques années, les saveurs ont évolué pour s'adapter à mes goûts personnels. Je considère mes préférences alimentaires comme relativement typiques de celles de l'ensemble des primates en général. En sélectionnant des saveurs qui me plaisent, je sélectionne celles qui plaisent à mes acheteur·se·s.

Je sollicite les résident·e·s locaux qui consomment mes produits : « Si quelque chose vous plaît vraiment, gardez m'en des graines ! ». Les chef·fe·s cuisinier·e·s me renvoient ces graines avec un morceau du fruit afin que je puisse également y goûter. Iels éliminent les graines des fruits et légumes dont iels n'apprécient pas la saveur. Je procède de la même manière avec mes ami·e·s, ma famille et l'ensemble de ma communauté locale. Ainsi, les saveurs deviennent un effort collectif de sélection qui transcende mes préférences gustatives individuelles.

De nombreux facteurs comme la fibrosité, la sensation en bouche, la teneur en sucre, le degré d'amertume, la couleur, l'arôme, la texture contribuent notamment au profil culinaire d'un légume. Je prête attention à tous ces différents paramètres.

Un taux élevé en carotène synonyme de goût fabuleux !

J'aime tout particulièrement la présence de carotènes de couleur vive dans mes plats. Ils ajoutent à la fois de la couleur et une certaine richesse à la palette gustative. Plus la couleur d'une courge se rapproche de l'orange vif, plus elle me semble savoureuse !

Lors de la relecture de ce manuscrit, certain·e·s lecteur·trice·s ont suggéré que je décrive les sensations gustatives que j'éprouve lors de la dégustation d'aliments riches en carotènes. Je ne peux pas identifier avec précision leur saveur particulière. Je constate simplement qu'à chaque fois que je consomme ce type d'aliments, je me sens envahi d'un sentiment de contentement, de joie et de satisfaction. J'ai l'impression que mon organisme libère une cascade de substances chimiques liées au bien-être pour m'inciter à consommer d'autres aliments similaires.

Au fil des ans, j'ai également procédé à une sélection involontaire des courges faciles à découper. Puisque que je goûte chaque fruit avant de décider d'en sauvegarder les graines, je découpe toutes les courges que je récolte. Si j'ai du mal à en couper ou mastiquer une, je la composte. De ce fait, elles s'avèrent désormais particulièrement faciles à préparer en cuisine.

À l'instar des courges, les melons musqués que je cultive ont gagné en couleur et en saveur au fil des années. Quand j'ai commencé, je les appelais des melons cantaloups, conformément à la désignation qui figurait sur les sachets de graines dont ils provenaient. Cette appellation reflétait également celle employée dans les supermarchés pour les fruits d'apparence similaire. Aujourd'hui, je préfère les désigner du terme de « melons musqués » pour les différencier de ces produits commerciaux dont ils diffèrent en tous points. Mes melons se distinguent par leur arôme enivrant et par l'explosion de notes sucrées qu'ils provoquent dès la première bouchée. Leur chair fondante recèle une cascade de saveurs. Il m'arrive de perdre jusqu'à 20 % de la récolte avant la mise en vente, mais le plaisir gustatif et les arômes intenses de ces melons compensent amplement ces pertes.

J'ai une aversion toute particulière pour la laitue amère. Dans le passé, j'avais donc décidé de goûter chacune d'entre elles avant d'en sauvegarder les graines. Si une laitue s'avérait amère, je l'éliminais. L'amertume indique en fait la présence d'une substance toxique. J'en ai fait l'expérience douloureuse lorsque j'ai goûté, pour la première fois, plusieurs centaines de laitues qui m'ont rendu malade. J'ai dû, par la suite, me résoudre à plus de prudence : ne mettre en bouche qu'une infime portion de chaque feuille et la recracher aussitôt. Avec l'expérience, j'ai fini par réaliser qu'un latex[2] épais et laiteux indiquait la présence de cette toxine. Depuis lors, je n'accorde plus autant d'importance au test de goût, me contentant volontiers d'une inspection visuelle de ce dernier.

Moins de stress

En cultivant mes propres semences métissées, j'élimine de nombreux facteurs de stress. Je ne me soucie plus d'avoir à financer l'achat de graines, de produits chimiques et d'engrais. Les notes de culture ou pedigree deviennent facultatif·ve·s. Je me dispense d'avoir à maintenir la pureté de mes semences et, en conséquence, d'avoir à m'assurer de certaines distances d'isolement*. Je peux tout simplement laisser les variétés se croiser librement et sauvegarder les graines des hybrides naturels*[3] en résultant. L'idée qu'un catalogue de semences supprime ma variété préférée, qu'un nom ou que l'histoire récente d'une variété viennent à se perdre me laisse indifférent. Mon inquiétude face à l'incertitude des récoltes a également diminué. Je ne me soucie plus guère non plus des interruptions de la chaîne d'approvisionnement.

---

2   Latex : liquide blanchâtre libéré quand on coupe ou endommage les feuilles de laitue.
3   Hybride naturel* : quand 2 plantes, non étroitement apparentées, se croisent l'une avec l'autre, sans intervention humaine.

La protection des variétés modernes consanguines* dépend de l'utilisation de produits chimiques synthétiques. La fiabilité des cultures de semences paysannes métissées repose quant à elle sur la richesse de leur patrimoine génétique.

Je consacre une section ultérieure de cet ouvrage à la notion de pureté des variétés, de distance d'isolement* et de taille de population* minimale. Je ne tiens pas à rentrer dans le détail du sujet mais, simplement, à d'ores et déjà souligner que les recommandations souvent fournies dans les manuels de jardinage ne concernent majoritairement que les grandes entreprises semencières qui opèrent à l'échelle internationale. Les normes diffèrent pour ceux·celles qui cultivent leurs semences à des fins personnelles ou au sein d'un collectif.

Si, par exemple, des carottes sauvages[4] viennent à contaminer mes plants de carottes, j'arrache simplement le faible pourcentage de plantules devenu indésirable. Aucun problème. Aucun souci. Aucun stress.

Je choisis de réduire la tenue de registres de culture*[5] au strict minimum. Mes annotations se limitent à indiquer le nom des cultures conservées dans mes bocaux de semences, accompagnées de l'année de leur récolte. Parfois, lorsque je cultive des lignées de plantes apparentées, difficiles à distinguer visuellement, une carte détaillée de l'emplacement respectif de chaque plantation pourrait s'avérer utile. Je préfère bien souvent me contenter de prendre de nombreuses photos de l'ensemble du jardin tout au long de la saison. En dehors de cela, je m'efforce de minimiser toute source de stress en renonçant à tenir des registres.

Des paysan·ne·s semencier·e·s ont développé, bien avant moi, toutes les variétés que je cultive aujourd'hui, sans avoir recours aux enregistrements écrits. Mon approche se veut davantage une démarche artistique qu'une méthodologie scientifique. Je chante pour mes plantes. Je danse dans mes champs. Je prends des photographies empreintes de poésie. Je célèbre et organise des fêtes pour rendre hommage aux saisons, aux végétaux, à la terre et à l'eau.

---

4   Daucus carota
5   Registres de culture* : (également appelés carnets de culture, cahier de jardinage, carnet de bord de jardin, journal horticole) se réfèrent au document dans lequel on consigne des informations sur les activités de jardinage ou de culture, telles que les dates de semis, les soins apportés aux plantes, les observations, etc.

J'aime confectionner des instruments de musique à partir de matériaux que les plantes m'offrent généreusement.

Lorsqu'on procède au métissage des populations, on peut introduire et conserver les graines de certains types d'hybrides dits F1*. Leurs descendants peuvent produire des résultats variés, voire même présenter des problèmes génétiques tels que la stérilité du côté mâle*[6]. Ces problèmes ne m'inquiètent cependant pas outre mesure. Je dispose de tout le temps nécessaire pour sélectionner ultérieurement les caractères que j'aime.

Je n'essaye pas de préserver la pureté des variétés. Je ne cherche pas à éviter de les contaminer. Toute la force des semences paysannes métissées résulte de leur capacité à se croiser abondamment et librement.

Lorsque j'acquière des graines, ma première démarche consiste à laisser de côté leurs noms actuels ainsi que leurs histoires récentes. Cela permet d'alléger le fardeau associé au suivi des appellations et des récits associés. Quelle joie de laisser chaque plante raconter son propre récit à chacune de ses générations ! L'histoire de chaque variété remonte à plusieurs milliers d'années et appartient à des milliers de paysan·ne·s semencier·e·s. Il me semble leur faire offense que de limiter notre connaissance à une infime portion de cette histoire, uniquement liée au nom récemment inscrit sur un sachet de graines.

Il m'arrive encore de subir des échecs de cultures, même en ne jardinant qu'avec des semences paysannes métissées. Néanmoins, cela m'arrive moins fréquemment qu'à l'époque où j'achetais mes graines dans le commerce.

Certaines familles de cultures prospèrent durant les étés chauds et secs. D''autres s'épanouissent davantage pendant les étés frais et humides. En en cultivant une diversité, je réduis le risque que toutes ces familles échouent simultanément.

Les perturbations de la chaîne d'approvisionnement liées à des événements sociaux-politiques ou à des catastrophes naturelles m'inquiètent moins qu'auparavant. Les risques persistent, car nombre de mes cultures dépendent de l'irrigation pour leur croissance. J'adopte des méthodes alternatives pour cultiver certaines

---

6   Stérilité du côté mâle* : (également appelée la stérilité mâle cytoplasmique*) les plantes affectées ne produisent pas de pollen du fait d'anthères* déformées ou absentes ou du fait d'une absence totale de fleurs mâles.

espèces qui n'exigent pas d'arrosage. Ultérieurement dans cet ouvrage, un chapitre approfondit cette thématique.

Plants de pastèque : issu de semences paysannes métissées (énorme) comparé à ceux issus de semences du commerce (minuscules). Plantés le même jour, à moins d'un mètre l'un de l'autre

Chapitre 4 : Variétés patrimoniales, hybrides et semences paysannes métissées

Ce chapitre examine les termes utilisés pour décrire différentes catégories de semences, ainsi que la signification réelle qui se cache derrière ces dénominations. Dans le domaine de la conservation des semences, les termes signifient souvent le contraire de ce qu'ils semblent vouloir dire de manière littérale. Les gens ont tendance à associer des connotations morales positives ou négatives à ces termes, ce qui peut les amener à refuser l'utilisation de graines exceptionnelles qu'iels diabolisent. De même, iels se mettent parfois en quête de graines jugées sacro-saintes, sans se rendre compte que la magie survient souvent là où on l'attend le moins.

Variétés patrimoniales

Les variétés patrimoniales* (également couramment désignées sous les termes de « variétés anciennes », « traditionnelles », « héritage » ou « historiques ») font référence à des variétés propagées depuis plus de 50 ans par reproduction consanguine* continue pour en maintenir les caractères spécifiques. Ces variétés ont pu devenir, à une époque, la panacée pour une famille ou une localité donnée. Cependant, ces semences consanguines, issues d'une époque bien différente et d'une origine géographique lointaine, possèdent rarement le bagage génétique nécessaire pour s'adapter aux conditions de culture modernes. Elles s'accompagnent souvent d'une histoire fascinante, véridique ou non. Aussi captivants qu'ils puissent paraître, ces récits ne vont cependant pas nous nourrir. Ils ne contribuent pas à la croissance, la productivité ou la saveur de ces variétés. Il me semble que nous avons besoin, en revanche, de récits honnêtes et concrets qui mettent en lumière des approches conscientes et engagées envers la diversité du monde vivant, en constante relation et évolution.

Je n'aime pas l'idée de préservation des variétés patrimoniales. Elle conduit à la dégénérescence endogamique, définie comme la perte de vigueur qu'un organisme subit au fil du temps en raison de la consanguinité.

Selon moi, pour préserver les variétés patrimoniales, le plus opportun consiste à continuer activement leur culture et la sauvegarde des graines qu'elles produisent. Cela revient à laisser leur matériel génétique s'exprimer librement et évoluer avec les conditions climatiques, les ravageurs, les pratiques agricoles et les préférences de chacun des collectifs et des communautés qui les cultivent. Cette approche coïncide avec la tradition ancestrale de conservation des semences pratiquée depuis les temps immémoriaux.

Variétés à pollinisation libre

On présente souvent les variétés dites « à pollinisation libre[*1] » comme celles dont on peut conserver les graines pour produire une récolte aux caractères identiques d'une année sur l'autre. En réalité, la perpétuation de toutes les variétés « à pollinisation libre » repose précisément sur leur reproduction endogamique[*2]. Le terme de « pollinisation libre » induit donc en erreur car il semble sous-entendre la possibilité d'une hybridation entraînant la diversité génétique. Pourtant, en pratique, on isole les plantes de ces variétés afin, justement, d'éviter toute hybridation. L'isolement de ces variétés sur des décennies a provoqué une perte progressive de la plus grande partie de leur diversité génétique. Cette faible diversité génétique explique pourquoi elles conservent un aspect similaire d'année en année. Si une hybridation se produisait, leur apparence évoluerait.

J'utilise personnellement les termes synonymes de « pollinisation débridée* » et « pollinisation croisée » pour mettre en avant le fait que ce type de pollinisation encourage la diversité génétique. Je n'utilise volontairement pas le terme de « pollinisation libre* » qui implique, comme je l'ai exposé ci-dessus, la consanguinité comme réalité dominante. Je souhaite ainsi souligner l'importance de l'hybridation dans la culture des semences paysannes métissées.

Le taux d'hybridation croisée varie considérablement entre les espèces*, et même au sein des différentes variétés* de la même espèce. C'est pourquoi je mélange les variétés d'une même espèce au sein de mes plantations pour les encourager à un taux d'hybridation aussi élevé que possible.

Ressemer des graines issues de croisements spontanés revient à effectuer une sélection en faveur de taux de pollinisation croisée

---

1 En anglais, open-pollinated varieties
2 Reproduction endogamique* : reproduction par autofécondation ou par fécondation avec des plantes de la même variété*, ce qui permet de maintenir les caractéristiques spécifiques de la variété d'année en année.

plus élevés. Inversement, préserver la pureté des variétés patrimoniales* induit une diminution du taux de pollinisation croisée.

Hybrides commerciaux dits F1

Les hybrides résultent du croisement entre deux plantes non étroitement apparentées. L'industrie semencière aime croiser deux parents résultant chacun d'une lignée fortement consanguine*. Cette démarche génère une descendance affichant des caractères remarquablement homogènes, combinant généralement les traits parentaux, et manifestant parfois un caractère spécifique issu de l'un des parents prédominant.

Une réorganisation génétique s'opère à la génération suivante et les attributs hérités des grands-parents se trouvent distribués de manière aléatoire. Si les variétés initiales présentaient une diversité génétique, cette nouvelle génération refléterait également cette diversité, car les caractères combinés et dominants transmis lors de la précédente hybridation se brasseraient pour former de nouvelles combinaisons. Mais comme les hybrides fabriqués par les grandes entreprises semencières industrielles descendent de lignées très consanguines, la diversité, dans leur cas, a une portée plus symbolique que réelle. J'aime néanmoins cultiver les descendants des hybrides commerciaux F1, car j'y découvre de nouveaux·elles phénotypes*[3] et combinaisons génétiques du fait de leur instabilité.

Les plantes perdent en vigueur du fait de la consanguinité. On évoque cependant parfois la « vigueur hybride » en parlant des hybrides F1, en laissant entendre qu'il s'agit là de l'un de leurs atouts. En réalité, cela signifie seulement que les hybrides F1 croissent plus vigoureusement que chacun de leurs parents hautement consanguins. Cela ne sous-entend pas que ces hybrides croissent mieux que des plantes non consanguines. On pourrait donner une description plus précise de ce phénomène en parlant d'une « réversion partielle de la dégénérescence endogamique existante ».

Les entreprises semencières multinationales produisent parfois des hybrides F1 stériles du côté mâle. Les hybrides affectés ne pro-

---

3   Phénotype* : ensemble des caractéristiques physiques et observables d'une plante dans le milieu dans laquelle on la cultive, telles que sa forme ou la couleur de ses fleurs ou de ses fruits, sa hauteur etc. Le patrimoine génétique des plantes et les conditions environnementales dans lesquelles elles poussent influencent leur phénotype.

duisent pas de pollen en raison d'un défaut au niveau de leurs organelles[4]. Ce phénomène, également dénommé la stérilité mâle cytoplasmique*, se trouve fréquemment utilisé car il offre un moyen peu coûteux de créer de nombreux hybrides. En effet, comme les fleurs stériles du côté mâle ne peuvent produire que des ovules mais pas de pollen, elles perdent le pouvoir de s'autopolliniser. Les organelles ne se transférant que par la mère, la stérilité du côté mâle* de ces hybrides F1 devient permanente chez tous leurs descendants. Cela devient le prix à payer pour l'économie ainsi réalisée lors de la création d'hybrides F1.

Dans certains cas cependant, les gènes des plantes stériles du côté mâle s'avèrent à même de restaurer ultérieurement la fertilité de ces plantes. Tenir compte de l'existence éventuelle de gènes restaurateur de fertilité (dits gènes Rf) introduit, à mon sens, trop d'incertitude et de complexité. Je préfère tout simplement n'avoir que des plantes entièrement fonctionnelles dans mon jardin. C'est pourquoi j'examine régulièrement les fleurs de mes plantes et élimine celles qui n'ont pas d'anthères*[5] ou disposent d'anthères défectueuses. Sur les fleurs de carottes, les anthères s'avèrent souvent absentes chez les plantes mâles stériles.

Carotte stérile du côté mâle   *Carotte fertile*

Lorsque j'ai pris conscience de l'existence de la stérilité mâle cytoplasmique*, j'ai constaté que ce phénomène touchait 70 % de mes carottes métissées. Cela n'affectait pas leur croissance, les

---

4   Organelles : structure dans les cellules des organismes tels que les plantes ayant des fonctions spécifiques et responsables de divers processus biologiques au sein de la cellule.
5   Anthère* : partie mâle de la fleur qui produit et libère le pollen. L'anthère peut s'ouvrir pour libérer le pollen, alors transporté vers le stigmate* d'autres fleurs pour la pollinisation.

plantes fertiles produisant largement assez de pollen pour assurer leur pollinisation. Il ne me semble pourtant pas opportun de cultiver des plantes partiellement stériles. C'est pourquoi, chaque année, j'examine attentivement ma population de carottes métissées et j'élimine systématiquement les plantes qui ne possèdent pas d'anthères*. Je reste désormais vigilant à cet aspect des choses lorsque j'introduis de nouvelles variétés dans mon jardin.

Les hybrides commerciaux F1 des espèces suivantes contiennent généralement une stérilité mâle cytoplasmique* : brocoli, chou, radis, oignon, carotte, betterave et tournesol. Je recommande donc de ne pas inclure de semences hybrides F1 de ces espèces pour la culture de populations métissées. Une annexe en fin d'ouvrage liste d'autres espèces concernées par ce phénomène.

On peut également produire des hybrides de brassicacées en utilisant l'incompatibilité d'autopollinisation*. Il m'arrive d'utiliser ces hybrides après avoir pris la précaution d'examiner leurs fleurs pour m'assurer qu'elles produisent du pollen.

Les hybrides F1 des cultures suivantes ne présentent généralement pas de stérilité mâle cytoplasmique : tomate, concombre, courge, maïs, pastèque, melon et épinard.

La dépendance des hybrides commerciaux* aux produits chimiques et aux engrais constitue un autre aspect à garder en tête. Ces hybrides F1 ont souvent du mal à se développer lorsqu'on les cultive dans des systèmes biologiques. Dans mon propre jardin, je veille à éviter que mes plantes ne deviennent dépendantes en ressources coûteuses autres que l'eau.

Les parents des hybrides F1, soigneusement sélectionnés pour produire une progéniture de qualité, ont le potentiel pour produire une lignée d'excellentes plantes. Les industries semencières ont investi beaucoup de travail pour identifier de tels caractères. Autant en faire profiter les populations métissées de nos jardins, tout au moins en ce qui concerne les hybrides F1 identifiés ci-dessus comme ne portant pas de caractères délétères.

Lors d'un voyage au cœur de l'Amérique du Nord, mon amie Rowen White, une gardienne de semences amérindienne, a observé kilomètre après kilomètre de maïs OGM, l'espèce la plus exploitée et asservie par l'industrie chimique. Lors de nos discussions à ce sujet, elle m'a fait prendre conscience que cette culture n'avait pas choisi le destin qu'on lui faisait actuellement subir. Elle m'a invité à ne pas oublier que ces semences cherchaient malgré tout à chanter leurs chants ancestraux.

Ses paroles ont profondément changé mon attitude envers les OGM. En observant le monde végétal, j'ai réalisé la futilité d'imposer aux plantes des quarantaines ou des distances d'isolement. Celles-ci trouvent toujours un moyen de déjouer les plans les plus rigoureux en la matière. Nous pouvons bien sûr réussir à les isoler pendant un an, voire des décennies entières mais, à l'échelle du temps, la pollinisation croisée finit toujours par l'emporter. C'est pourquoi, je crois que les traits OGM finiront inévitablement par se propager à l'ensemble du stock de semences du monde entier.

Je garde cependant à l'esprit que la pollinisation croisée tend également à corriger les défauts génétiques et permet ainsi aux plantes de guérir des abus du passé. Je ne préconise pas l'intégration massive et aveugle d'hybrides F1 OGM dans nos populations métissées. Nous pouvons cependant faire preuve de sagesse et de discernement et décider, en pleine connaissance de cause, et au cas par cas, quels hybrides F1 nous pourrions y inclure. Par exemple, je ne vois pas d'inconvénients à utiliser des hybrides F1 de tomate, de maïs ou de courge, réalisés en déplaçant manuellement le pollen d'une plante à une autre. Je n'utiliserai pas, en revanche, d'hybrides F1 créés dans un laboratoire industriel combinant deux espèces différentes de brassicacées par exemple. Il faut connaître son·sa fournisseur·se de semences et les méthodes qu'iel utilise.

J'espère que nous ferons preuve de compréhension et de compassion envers nous-mêmes comme envers les semences. Nous nous trouvons, elles comme nous, partie prenante involontaire d'un système d'exploitation. Nous finirons tous·tes par devenir impur·e·s.

Hybrides artisanaux

J'utilise le terme « hybrides artisanaux[*6] » pour décrire les hybrides ad hoc réalisés à la main, dans les champs, par des cultivateur·trice·s indépendant·e·s. On peut réaliser ces hybrides de manière artisanale sans nécessairement suivre de protocoles contraignants.

Pour les petit·e·s paysan·ne·s et les jardinier·ère·s, la création d'hybrides faits maison ne nécessite, en effet, ni outils, ni méthodes complexes. Il suffit tout simplement de transférer le pollen

---

6   En anglais, *freelance hybrids*

d'une plante sur le stigmate*[7] d'une autre. Même si, à première vue, les organes des plantes apparaissent de petite taille, l'utilisation de simples outils de grossissement optique et de manipulation, rend le processus aisé.

On peut, par exemple, créer des hybrides artisanaux dans le but de combiner les caractères de différentes variétés au sein d'une nouvelle et unique variété. On peut également en créer pour satisfaire notre curiosité ou par simple plaisir. On peut même imaginer cette démarche dans une perspective de productivité ou de profit. Je présente quelques exemples ultérieurement dans ce chapitre.

En réalisant manuellement des hybrides artisanaux*, nous accroissons la diversité et favorisons l'adaptation locale.

Nous pouvons créer ces hybrides aussi bien au sein d'une même espèce* qu'entre des espèces distinctes. La fin du présent chapitre présente quelques-unes de mes créations personnelles préférées à cet égard.

Même si les populations des pays industrialisés aiment disposer de certitudes, la biologie végétale demeure un domaine complexe et ambigu. Le monde biologique, tout en nuance, se prête mal à une vision des choses en noir et blanc. Cette réalité devient évidente quand nous nous amusons à créer des hybrides faits maison à partir de parents porteurs de diversité génétique.

Hybrides débridés[8]

Dans mon jardin, j'encourage la pollinisation débridée* des légumes que je cultive. J'intercale, par exemple, des variétés présentant des caractéristiques physiques distinctes, dénommées phénotypes*, afin de faciliter les croisements entre elles. Cela me permet d'estimer visuellement la diversité génétique de mes cultures sans avoir besoin de connaître le matériel génétique propre à chacune d'entre elles, ni de recourir à un laboratoire d'analyse ADN. Pour les cultures comme le maïs, les cucurbitacées* et les épinards, leur mode de reproduction naturel repose sur la pollinisation croisée*.

---

7   Stigmate* : partie femelle de la fleur d'une plante chargée de capturer le pollen pour permettre la pollinisation et la reproduction de la plante. Il s'agit d'une structure située à l'extrémité du pistil, en forme de petite plateforme ou de lobes.

8   En anglais, promiscuous hybrid. Un terme empreint de facétie créé par Joseph.

Les tomates, les pois[9], le lin, la laitue, les céréales et les haricots communs[10], appartiennent à des espèces qui se reproduisent par auto-fécondation, ce qui limite leur production d'hybrides. Leur taux de pollinisation croisée* varie entre 0,5 % et 10 % en fonction des conditions météorologiques, des populations d'insectes et des variétés. Les sélections encourageant la reproduction consanguine* et la pureté des variétés ont involontairement contribué à ces taux de croisement relativement faibles. En annexe, vous trouverez une liste des taux de pollinisation croisée pour les espèces de légumes les plus courantes.

Laitue sauvage (à gauche), hybride (au centre), classique (à droite)

Dans les rares cas où certaines plantes de ces espèces se croisent, j'offre une place de choix à ces hybrides spontanés au sein de mon jardin. En effet, cultiver leurs descendants augmente la probabilité de trouver de nouvelles plantes parfaitement adaptées à mon environnement. En semant les graines de ces hybrides, je sélectionne des plantes plus enclines à se croiser.

Par exemple, j'ai remarqué que certains épis de blé possèdent de nombreuses anthères* à l'extérieur de leurs fleurs plutôt que protégées à l'intérieur de celles-ci comme de coutume. En sélectionnant et replantant leurs graines, je pourrais rapidement stimuler une augmentation du taux de croisement de cette culture.

De la même façon, pour encourager les croisements, je surveille également les fleurs de mes tomates et replante en priorité celles présentant les formes les plus ouvertes.

Les descendants des plantes qui ont naturellement donné naissance à des hybrides subiront un brassage génétique, leur permettant d'acquérir une meilleure adaptation à l'écosystème ainsi qu'aux pratiques spécifiques des jardinier·ère·s, des paysan·ne·s et de leurs collectifs.

---

9   Pisum sativum
10 Phaseolus vulgaris

Mon arrière-arrière-grand-père, James Lofthouse, a ainsi découvert un hybride de blé apparu spontanément dans son champ de blé. Il a soigneusement conservé les graines de cette plante et les a cultivées dans son potager pour les multiplier. Il a officiellement introduit cette nouvelle variété vers 1890. Au fil des ans, elle a acquis le statut de la variété de blé la plus répandue dans le nord de l'Utah et le sud de l'Idaho. Je continue de cultiver le Lofthouse Wheat. Notre nom reste associé à cette lignée de blé, multipliée à partir des graines d'un hybride. Cela a engendré pour ma famille une réputation durable dont elle bénéficie encore aujourd'hui.

James Lofthouse

Du fait de la nature éminemment locale du processus de pollinisation, je favorise l'émergence d'hybrides naturels en plantant les différentes variétés de manière rapprochée. Par exemple, quand je sème mes haricots secs nains, je les mélange tous ensemble et les plante serrés les uns contre les autres. Le taux de croisement ne franchit vraisemblablement pas la barre des 0,5 %. Toutefois, chaque année, j'observe de nouvelles hybridations. Cette réussite découle de la réduction des distances de plantation que je pratique, mais également de l'attention toute particulière que je porte à déceler ces hybrides au sein de mes cultures.

Populations paysannes traditionnelles

Les semences paysannes métissées, avec leur riche diversité génétique et leur recours à la pollinisation débridée*, allient le meilleur des mondes. Elles créent de nouveaux hybrides entre des parents acclimatés au terroir tout en perpétuant l'adaptation au contexte bioclimatique et agricole local, procurant de surcroît la satisfaction émotionnelle d'une forme de souveraineté pour ceux·celles qui les cultivent.

Lorsque l'on me demande si je cultive des variétés patrimoniales*, je répond par la négative, étant donné que cette désignation sous-entendrait une reproduction consanguine ininterrompue sur une période de plusieurs décennies. Je qualifie plutôt mes cultures de « populations paysannes traditionnelles[11] ». Ce terme implique qu'elles se développent de la même façon que celles cultivées depuis la nuit des temps, avant l'avènement récent de l'industrialisation.

Je ne possède aucune terre. Je cultive au hasard des terrains abandonnés et des champs laissés en friche au sein de ma collectivité locale. Je travaille actuellement l'équivalent d'environ un tiers d'hectare. De par le passé, j'ai cultivé jusqu'à un hectare et demi, répartis sur huit champs disséminés sur plusieurs localités. Cela me procurait, à l'époque, une variété d'options pour pratiquer l'isolement des cultures.

Comme des générations de paysan·ne·s avant moi, j'effectue deux labours par an : à l'automne et juste avant les semis printaniers. Lors de la saison la plus chaude de l'été, j'irrigue mes cultures par aspersion pendant douze semaines. Il faut noter que je ne cherche pas à sélectionner mes plantes pour leur tolérance à la sécheresse, mais plutôt pour leur adaptation au climat sec et ensoleillé du désert.

Je maintiens la fertilité du sol en cultivant de nombreuses adventices* que je retourne sur place. J'effectue mes plantations dans des rangées largement espacées pour laisser une place suffisante aux cultures productrices de semences. Pour la majorité des espèces, les rangées font de 3 à 15 mètres de long. En revanche, en ce qui concerne le maïs, les haricots et les courges, les rangées s'étirent sur 45 à 150 mètres. L'étendue plus importante de ces rangées reflète le rôle central que ces cultures jouent au sein de ma collectivité.

Exemples d'hybrides artisanaux

Certains hybrides artisanaux* s'avèrent plus facile à réaliser que d'autres en raison des caractéristiques physiques inhérentes à

---

11 Population paysanne traditionnelle* : groupe de plantes cultivées ensemble dans un environnement spécifique, capables de se reproduire entre elles naturellement, adaptées au terroir et présentant certains caractères communs mais également une grande diversité génétique. Cette notion préexiste et diffère de celle de variété*, une notion moderne. Les variétés*, créées par le croisement et la sélection de plantes présentant des caractéristiques désirables, ont généralement leurs traits fixés et uniformes, ce qui signifie que les plantes d'une variété* spécifique auront toutes des caractéristiques identiques indépendamment de l'endroit sur lesquelles on les cultive.

chaque espèce. Prenons l'exemple du maïs et des courges. La séparation, sur ces plantes, des fleurs mâles et femelles facilite la manipulation manuelle du pollen. Par ailleurs, une seule pollinisation manuelle suffit pour engendrer la production de centaines de graines.

Les pois chiches, en revanche, se caractérisent par la cohabitation étroite d'organes mâles et femelles au sein d'une même fleur, de petite taille. À ces difficultés vient s'ajouter le fait que chaque pollinisation manuelle ne donne naissance qu'à une ou deux graines maximum. Cela rend la création d'hybrides de pois chiches difficile.

Hybrides de maïs

La réalisation d'hybrides de maïs s'effectue extrêmement facilement. Il suffit pour cela de semer différentes variétés côte à côte, puis de retirer les panicules[12] des plantes que nous souhaitons voir devenir les plantes mères, avant qu'elles ne libèrent de pollen. Pour chaque rangée de maïs destinée à devenir donneuse de pollen, je sème deux à quatre rangées de plantes mères. Pour m'assurer que je n'ai omis aucun panicule sur les plantes mère, j'ai pour habitude de les retirer des deux côtés de chaque rangée de maïs mère que je parcours. Je fais donc d'abord un passage en marchant dans un sens, puis un autre dans l'autre sens. J'effectue cette opération fréquemment pour garantir son succès.

J'aime combiner le goût exceptionnel et la fiabilité du maïs doux à l'ancienne* (aussi référé sous le terme de « maïs su ») avec le caractère à saveur sucrée rehaussée du maïs doux moderne* dit se[13]. J'ai nommé la population résultant de ce croisement Paradise, en hommage au village dans lequel j'habite. Cultiver des maïs doux modernes à saveur sucrée rehaussée (se) s'avère délicat dans mon écosystème, en raison de la propension de leurs graines à pourrir dans les sols frais du printemps. À l'inverse, les variétés traditionnelles de maïs doux (su) germent avec fiabilité et font preuve d'une croissance vigoureuse dans mon jardin.

Pour réaliser un hybride entre de ces deux types de maïs doux, j'ai utilisé le maïs doux d'antan (su) appelé Astronomy Domine

---

12 Panicule : inflorescence (groupe de fleurs en forme de plumeau) mâle contenant le pollen et situé au sommet du plant de maïs.

13 Voir le chapitre 13 pour plus de détails sur les différents types de maïs et leurs définitions.

comme plante mère, associé à un maïs moderne à saveur sucrée rehaussée (se) de type Who Gets Kissed ou Ambrosia en tant que père donneur de pollen. Paradise, l'hybride ainsi créé, a hérité de la coque de grain robuste de la lignée maternelle et de la concentration accrue en sucre de la lignée paternelle. La durée de maturation de ces hybrides dépend du choix de donneur de pollen utilisé, étant donné que chacune de ces variétés arrive à maturité à des dates différentes. Les hybrides créés mûrissent à une date à mi-chemin entre les dates de maturité respectives de leurs parents.

Quand je mets à disposition du public un de mes hybrides, je partage ouvertement l'identité de ses parents. Si les gens apprécient la variété, ils peuvent soit la recréer en grande quantité par eux-mêmes, soit en acheter quelques graines chez moi. En général, une plante de maïs produit aux alentours de 600 graines, ce qui facilite l'obtention d'une quantité suffisante pour ensemencer un champ de maïs hybride.

Femelle   Mâle

Épinard en fleur

Hybrides d'épinards

La création d'hybrides d'épinards s'accomplit aisément de manière artisanale. Cette espèce, pollinisée par le vent, génère des plantes mâles et femelles distinctes. Pour produire un hybride, il suffit de semer deux variétés côte à côte. Il convient ensuite d'éliminer toutes les plantes mâles d'une des variétés avant qu'elles ne fleurissent. Les graines provenant des plantes mères de cette variété donneront automatiquement naissance à des hybrides. La deuxième variété ayant fourni le pollen, ne donnera quant à elle uniquement que des graines dites pure car non hybridées.

Vous pouvez distinguer les plantes d'épinards mâles grâce à leur petite taille. Leurs fleurs duveteuses se balancent au sommet de la plante, portées par le vent. En comparaison, les plantes d'épinards femelles se caractérisent par une plus grande taille, avec des fleurs quelconque situées plus bas sur la plante, près de la tige.

Hybrides de courges

La création d'hybrides de courges s'avère également facile à réaliser : les fleurs de courge, avec leurs fleurs mâles et femelles clairement distinctes et leur stature imposante, s'y prêtent aisément.

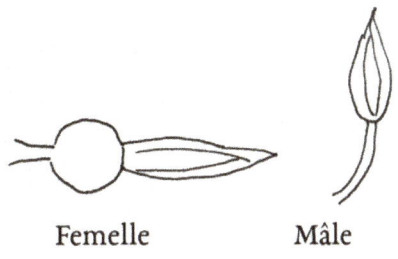

Femelle   Mâle

Fleurs de courges

Fermez hermétiquement les fleurs à l'aide de pinces ou de ruban adhésif la veille de leur ouverture. Les fleurs femelles se distinguent par la présence d'un petit fruit attaché à leur base. Le fait de garder les fleurs fermées empêche les insectes de venir y répandre le pollen d'une autre fleur. Le matin venu, après avoir enlevé le ruban adhésif/pinces, transférez sur la fleur femelle le pollen de la fleur mâle choisie sur une autre plante. Refermez soigneusement la fleur afin d'empêcher l'entrée des insectes. Pour identifier ce fruit hybride, attachez un ruban autour de son pédoncule[14].

J'aime tout particulièrement les hybrides artisanaux* issus du croisement entre la courge Hubbard et la courge banane. Ce croisement ouvre la porte à un projet de sélection végétale en engendrant une deuxième génération qui intègre les caractères des grands-parents avec toutes leurs différentes combinaisons possibles. Commencer un tel projet avec des parents différents les uns des autres, constitue une excellente stratégie pour se lancer dans l'art de l'amélioration végétale. Vous n'avez plus qu'à sélectionner ce que vous aimez !

Une méthode alternative pour produire des hybrides de courges consiste à systématiquement éliminer les fleurs mâles de certaines plantes, de manière à ce que le pollen ne provienne exclusivement que d'autres.

Courge Hubbard   Hybride   Courge Banane

Une courge hybride avec ses parents

---

14   Pédoncule* : tige qui relie la courge à la plante.

Chapitre 5 : Création de semences paysannes métissées

Les semences paysannes métissées actuellement créées naissent soit d'un méta croisement initial entre de multiples variétés, soit d'un processus lent et graduel d'ajout de nouveau matériel génétique au fil du temps.

Pour entamer un projet de sélection végétale, je recommande de privilégier l'utilisation de semences de variétés patrimoniales* et de variétés à pollinisation libre*[1]. L'introduction de certains hybrides commerciaux F1* s'avère également possible.

Acquérir des semences paysannes métissées provenant d'autres régions que la sienne constitue également une opportunité remarquable d'explorer une large diversité génétique à moindre coût. Par exemple, lorsque qu'un·e client·e m'achète une centaine de semences paysannes métissées de haricots secs, iel y découvrira jusqu'à 40 types distincts. Iel en trouvera vraisemblablement certains capables de s'épanouir dans son terroir.

Même si les graines utilisées au départ ne proviennent pas de notre propre écosystème local ou régional, elles demeurent, néanmoins, une source précieuse de diversité génétique. Certains catalogues de semences offrent des assortiments de variétés, comme par exemple 5 types de radis regroupés dans un même sachet. Cela représente une manière économique d'intégrer de la diversité à une population métissée[2]. De même, utilisé comme semence, un paquet de haricots secs pour la soupe acheté au supermarché et regroupant quinze variétés différentes de haricots peut se révéler une affaire exceptionnelle !

Les semences cultivées par les voisin·e·s et les paysan·ne·s locaux·locales constituent de véritables trésors. Elles ont déjà au moins un an d'avance en termes d'adaptation locale. J'aime tout particulièrement, par exemple, les graines acquises sur les marchés locaux dans lesquels les paysan·ne·s ne vendent que des légumes cultivés dans leur ferme.

En raison de la présence de la stérilité mâle cytoplasmique*, je déconseille d'utiliser des semences hybrides F1* pour créer des populations métissées* de carottes, choux, brocolis, oignons, bette-

---

1   Voir le chapitre 4 pour de plus amples détails sur ces types de variétés.

2   Population métissée : synonyme et abréviation de population « paysanne métissée* » autrement dit une population* issue de semences paysannes métissées*.

raves et pommes de terre. En revanche, pour des espèces telles que les épinards, les melons, les courges et les tomates, l'introduction de certaines semences hybrides F1 peut s'avérer bénéfique. Je recommande tout de même, dans ce cas, une surveillance régulière des cultures afin d'éliminer les plantes qui pourraient émerger dépourvues d'anthères*.

En annexe, figure un tableau classant les espèces selon leur facilité à se convertir aux méthodes de jardinage en population métissées. Il indique également les espèces concernées par la stérilité mâle cytoplasmique*.

Grex

Le mot latin grex*[3] désigne dans ce livre comme un mélange sélectionné et hétérogène de diverses variétés et/ou populations cultivées ensemble dans le but de réaliser un croisement initial entre elles. Il se compose de quantités à peu près équivalentes de graines provenant de 5 à 50 sources et variétés/populations différentes.

Le grex* représente une forme précurseure de population paysanne métissée. Ces dernières s'adaptent à chaque jardin et à chaque région grâce au jeu combiné de la sélection naturelle et de la sélection effectuée par les paysan·ne·s. Les semences paysannes métissées* que j'ai développées pour mon jardin d'altitude aride et ensoleillé ont un rendement bien supérieur aux graines commerciales produites dans des régions lointaines avec des sols, des insectes, des maladies et des pratiques agricoles différent·e·s. Comme je l'ai expliqué précédemment, ces dernières peinent, chez moi, à produire la moindre graine.

Evolution progressive

Les populations métissées peuvent également se développer de manière graduelle. Il suffit, pour ce faire, de commencer par préserver les graines des plantes qui survivent. Puis, chaque année, de les ressemer à côté d'une nouvelle variété ensemencée dans une rangée distincte. Si cette nouvelle variété donne une bonne récolte, on ajoute ses graines aux semences métissées.

Les populations métissées peuvent également naître d'une pollinisation croisée* accidentelle. Avant que je découvre le concept de métissage des cultures, j'ai remarqué, un jour, l'apparition

---

3   En anglais, grex ou hybrid swarm

d'une courge hors type au sein de mes Burgess Buttercup. Cette variété n'avait donné, jusque-là, que des fruits vert foncé. Soudainement, une courge orange avait fait son apparition ! Il s'agissait probablement d'un hybride naturel* avec le Red Kuri. Personnellement, je n'apprécie ni le goût ni la faible productivité du Red Kuri. Ce nouvel hybride avait pourtant l'air remarquable. Il offrait à la fois une excellente saveur et une productivité élevée. Que pouvais-je demander de plus ? J'ai par conséquent choisi de ressemer les graines de ce nouvel hybride à la place de la variété Burgess que je cultivais auparavant. J'ai nommé cette deuxième version de mes Buttercup des Lofthouse Buttercup.

Quelques années plus tard, une hybridation se produisit entre ma culture de Hopi White et mes plants de Lofthouse Buttercup, pourtant séparés de près de 100 mètres de distance. Ce croisement introduisit des gènes permettant l'éclaircissement de la palette de couleur de mes courges. Je choisis de ressemer les graines des courges qui avaient conservé la saveur exquise et la forme des Buttercup et de privilégier également les graines issues des

Deuxième version (à gauche)
Troisième version (à droite)

courges aux couleurs extérieures les plus pastelles. Je n'ai pas attribué de nouveau nom à cette population préférant continuer d'appeler cette troisième version de mes Buttercup des Lofthouse Buttercup.

Mon maïs à éclater*[4] a émergé spontanément d'un croisement naturel entre un maïs à éclater jaune ordinaire et un maïs à farine* décoratif multicolore. J'aime beaucoup l'addition de grains multicolores dans le maïs à éclater. Je n'aurai cependant pas choisi de réaliser ce type de croisement de manière intentionnelle car le réta-

---

4   Maïs à éclater : également appelé « maïs à popcorn ».

Troc de graines

blissement de l'éclatement des grains a demandé un effort considérable.

Je me facilite la vie en évitant d'introduire intentionnellement dans mes populations métissées des caractères que je devrais éliminer par la suite. Je prends soin, par exemple, de ne pas cultiver de piments forts à proximité des poivrons doux. Certains types de piments forts florissent dans mon écosystème. Il pourrait s'avérer particulièrement intéressant de réaliser des croisements entre ces variétés de piments forts et celles de poivrons doux, plus difficiles à cultiver, pour redonner de la vigueur à ces derniers. Cela nécessiterait cependant de procéder ultérieurement à une sélection minutieuse pour obtenir, de nouveau, une lignée de poivrons doux. J'évite de me charger inutilement de travail supplémentaire.

Stabilité

J'aime les fruits et légumes aux formes et couleurs diverses et variées. J'ai également un attachement émotionnel à la familiarité de certains fruits et légumes particuliers.

Lorsque j'ai créé une population métissée de courgettes Cou Tors[5], j'y ai intégré environ une douzaine de variétés différentes de courgettes Cou Tors. L'une d'elles provenait du Long Island Seed Project, une organisation américaine qui propose des semences d'une incroyable diversité. Ken Ettlinger, à la tête de cette initiative, avait déjà adopté la pratique de la pollinisation croisée entre des variétés génétiquement diversifiées bien avant que je ne découvre cette idée. Je souhaitais que ces courgettes arborent une teinte jaune vif et qu'elles aient un col parfaitement courbé, comme celles de mon enfance. L'apparence des feuilles ou le fait que les plantes deviennent semi-coureuses plutôt que buissonnantes m'importait peu. J'aime sélectionner et fixer les caractères auxquels j'accorde de l'importance et laisser les autres varier.

---

5   En anglais, Yellow Crookneck. Également appelée « Coutors » ou « courgette jaune à col Crookneck ».

J'ai sélectionné certains de mes melons pour arborer une peau réticulée et une chair orange. Ils appartiennent à la même espèce que mes melons Honeydew à peau lisse et chair verte. J'ai une certaine nostalgie pour les melons à l'aspect traditionnel. Je cultive donc les melons Honeydew dans un champ distinct de ceux de mes melons classique à chair orange afin de prévenir toute hybridation accidentelle entre les deux.

Je sélectionne mes navets pour qu'ils ressemblent tous à la variété appelée Purple Top White Globe. Je ne souhaite ajouter aucune autre couleur à ces navets.

Melons stabilisés

J'ajuste le degré de stabilité ou de variabilité que je souhaite maintenir au sein de mes semences paysannes métisséesd en fonction de mes préférences personnelles. En règle générale, j'opte pour une diversité de phénotypes*. Dans certains cas, il m'arrive de favoriser la stabilité.

Pour mon projet de métissage du maïs, j'ai croisé des centaines de variétés différentes ensemble : des lignées d'Amérique du Sud, des variétés patrimoniales* d'Amérique du Nord, des semences de maïs à éclater*, de maïs doux, de maïs corné* et de maïs à farine*. Par la suite, j'ai procédé à une sélection pour isoler de nouveau chaque type de maïs, et créer des populations métissées distinctes de maïs à éclater, maïs doux, maïs corné et maïs à farine. Quand j'introduis à présent une nouvelle variété de maïs à farine, je veille à la plan-

Navets Purple Top White Globe

ter uniquement au sein des plants de maïs à farine. Je maintiens ainsi une stabilité de cette population axée sur le phénotype* du maïs farineux à grains tendres.

Tenue de registres de culture

Courgettes Cou Tors

Au fil des ans, j'ai réalisé qu'il me convenait bien mieux d'aborder la conservation des semences paysannes métissées* en tant qu'artiste, plutôt qu'en qualité de scientifique.

J'ai exercé le métier de chimiste analytique pendant plusieurs décennies. Je tenais des registres précis et détaillés. Au départ, j'ai donc abordé mes projets de sélection végétale avec la mentalité d'un scientifique. Chaque culture engendrait annuellement des centaines de sachets de graines, accompagnées de nombreuses pages de notes et photographies. Cela devint vite accablant et décourageant. Lorsque j'ai pris conscience que je consacrais davantage de temps à la documentation qu'à la culture elle-même, j'ai décidé de cesser immédiatement de prendre des notes.

Aujourd'hui, Je me contente de réunir toutes les graines d'une même culture dans un seul récipient. Un bocal unique de graines par culture a remplacé avantageusement les centaines de sachets de graines de mes débuts. Cette démarche m'a libéré du temps pour pratiquer le chant, la danse et d'autres activités ludiques dans mon jardin. J'aime explorer la sélection végétale en qualité d'artiste.

Lors d'une conférence sur les semences, une amie avait disposé sur sa table 1.000 variétés de haricots, chacune méticuleusement séparée dans un récipient individuel. Elle a cru me taquiner amicalement en disant : « Joseph aussi a apporté 1.000 variétés de haricots ! » J'ai alors brandi un gros bocal renfermant un mélange de 1.000 variétés de haricots pêle-mêle. Personnellement, je préfère semer, cultiver, récolter et cuisiner tous mes haricots ensemble. Certains gardent leur fermeté à la cuisson, d'autres se transforment en un riche bouillon, une délicieuse combinaison à mon goût !

Les haricots se reproduisent généralement par autofécondation. On pourrait donc aisément séparer certains types pour qu'ils deviennent des cultivars* distincts.

A l'origine, des personnes ne sachant ni lire ni écrire ont joué un rôle crucial dans la domestication des cultures sur lesquelles je travaille. Quand je m'abstiens de tenir des registres, je m'inscris dans une tradition millénaire prédatant l'avènement de l'agriculture elle-même.

M'affranchir des noms et récits attachés aux semences représente, pour moi, une source de joie. Cela m'autorise à développer une relation personnelle et intime avec les graines elle-même. Cela m'aide à évaluer plus honnêtement chaque plante pour ses mérites propres, sans succomber au poids du passé. Ma connexion avec celles-ci demeure ainsi fraîche et nouvelle, à chacune de leurs générations.

Trocs de graines

Les trocs de graines représentent un moyen abordable d'introduire de la diversité génétique au sein des semences paysannes métissées. Je n'accorde pas une grande importance aux caractères spécifiques des cultivars* que je reçois dans ces échanges. Je recherche plutôt la diversité génétique en tant que telle. Les plantes et l'écosystème opéreront de toute façon leur propre tri, par sélection naturelle. Sous condition du respect de quelques principes généraux, comme, par exemple, la séparation des semences de maïs doux de celles du maïs à farine, j'accueille à bras ouverts toutes sortes de graines pour intégrer leurs gènes au sein de mes populations métissées.

Il m'arrive de ne semer que 10 graines de chacune de mes nouvelles variétés. Il se peut que je plante entre 5 à 100 variétés. Je me retrouve donc souvent avec de nombreux sachets de graines entamés. Les plus souvent, j'en fais donation lors d'échanges de graines ou je les troque contre d'autres.

Je reçois également des dons de graines non sollicités. Les gens m'envoient parfois jusqu'à 1.000 graines, alors que je ne prévoit de n'en semer qu'une dizaine. Je me retrouve ainsi en possession d'un excédent de semences que je ne peux pas utiliser. De plus, ces graines, rarement adaptées à mon environnement local, s'avèrent peu susceptibles de survivre dans mon jardin. Je ne veux cependant pas les gâcher, car je valorise toute forme de vie. J'en fais donc souvent cadeau aux participants des trocs de graines.

Une autre façon dont je gère le surplus de graines provenant d'échanges consiste à ouvrir tous les sachets et les verser, ensemble, dans un bocal. Parfois, je les regroupe par espèce*, d'autres fois, je les verse pêle-mêle. Je sème ensuite une pincée de ce mélange dans un champ pour observer si quelque chose vient à émerger qui attire mon attention. Il m'arrive également d'en disperser une partie dans les zones non cultivées de ma ferme. De temps en temps, une espèce s'y établit et se multiplie. Dans ce cas, il se peut que je décide de l'intégrer à l'une de mes populations métissées.

Je reçois fréquemment des graines que les gens ont produites dans leur propre jardin. Parfois, leur sachet porte la mention « potentiellement croisée avec d'autres variétés ». J'adore ce genre d'échanges ! Plus il y a de parents différents dans un sachet de graines, plus j'ai de chance de découvrir un groupe familial parmi eux susceptible de prospérer dans mon jardin.

Les haricots d'Espagne de Jennifer

Si je reçois des graines étiquetées « semences paysannes métissées », quel bonheur ! Quelle joie ! Même non adaptées à mon jardin, elles renferment potentiellement une vaste diversité génétique. Certaines vont probablement s'épanouir dans mon écosystème et apporter de nouveaux et précieux gènes. J'ai tenté, par exemple, de cultiver sans succès des haricots d'Espagne[6] pendant de nombreuses années jusqu'à ce que Holly Dumont m'envoie un sachet de ses semences paysannes métissées. Environ 20 % d'entre elles ont survécu et réussi à donner des graines. Un chiffre suffisant pour me lancer dans un projet de création de semences métissées de haricots d'Espagne !

Il se trouve que Jennifer Willis, qui habite dans mon village et a participé à la relecture de la version anglaise de cet ouvrage, cultivait déjà depuis quinze ans de telles semences métissées. Quand elle a découvert mon intérêt pour ce type de haricots, nous avons échangé des graines.

---

6   Phaseolus coccineus

Les haricots d'Espagne tiennent une place toute spéciale dans mon cœur car ils représentent les premières graines que j'ai fait pousser, avec l'aide de mon grand-père, quand j'avais à peine quatre ans.

Échanges de voisinage

Les semences métissées évoluent de manière étroitement liées aux communautés et collectifs qui les cultivent. J'aime échanger des graines avec mes voisin·e·s. Il se peut, par exemple, que je troque avec eux·elles un type de haricot sec pour un autre. Je demande également souvent à mon père des graines de pastèques Charleston Gray. Elles prospèrent depuis des décennies dans son jardin.

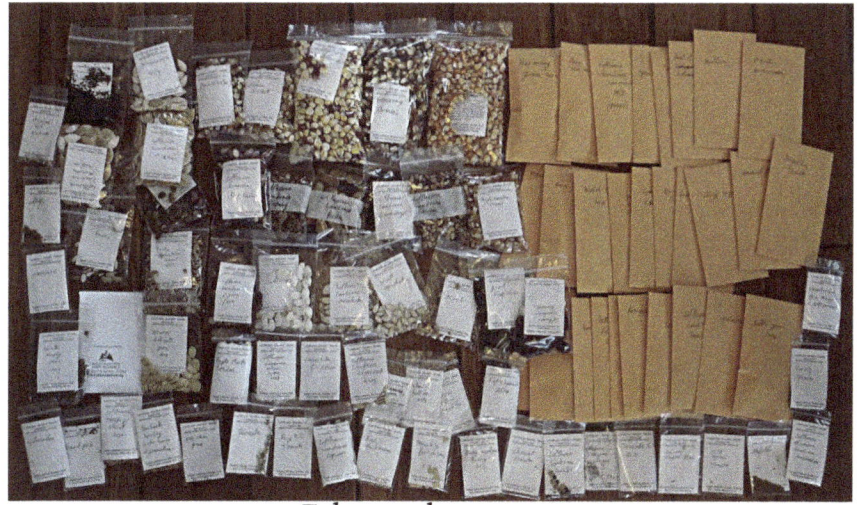

Echange de semences

Chaque hiver, je fais la tournée de mes partenaires d'échanges de graines habituel·le·s. Nous partageons nos observations et troquons des semences. J'apporte également des graines au marché. D'autres me les échangent contre celles de leur propre jardin. J'apprécie énormément ce type d'interaction. Les variétés adaptées à la région que mes voisin·e·s cultivent poussent mieux que les graines provenant de cultivateur·trice·s géographiquement éloigné·e·s.

Je participe également régulièrement à des échanges de semences avec d'autres personnes qui travaillent sur des populations métissées* et qui vivent dans des écosystèmes similaires au mien. Je sème tout ce qu'iels m'envoient. Nous collaborons depuis des années ensemble.

Ce type de partage mutuel de graines incarne l'essence même de la culture des semences paysannes métissées. Bien qu'une seule personne puisse entretenir une population métissée à elle toute seule, il vaut beaucoup mieux que cela devienne un effort collectif entrepris au niveau de la communauté et au sein de collectifs !

Grainothèque / maison ou case de semences

Les conservateur·trice·s des grainothèques et maison/case de semences s'inquiètent parfois de la pureté des graines qu'iels reçoivent : « Et si les graines que les gens ramènent s'avèrent contaminées ? ou croisées ? »

Selon moi, cela devrait devenir un atout distinctif et précieux en faveur des grainothèques et maison/case de semences, plutôt qu'une source de craintes. Les graines adaptées au terroir constituent pour ces organismes une réelle valeur ajoutée !

Mon attitude en ce qui concerne les semences génétiquement diversifiées consiste à faire preuve d'une totale transparence à leur égard. Quand j'offre des semences paysannes métissées, je ne propose pas de graines uniformes, distinctes ou stables, et j'en fais mention de manière explicite et fréquente. J'offre de la biodiversité et de l'adaptation au terroir.

Je ne cherche pas à changer qui que ce soit

mais à poursuivre ce que j'aime !

Chapitre 6 : De nouvelles méthodes pour de nouvelles cultures

La magie de la création de semences paysannes métissées* réside dans la capacité qu'elle nous offre de sélectionner du matériel génétique qui s'adapte à nos habitudes et méthodes personnelles. Rien ne nous oblige à cultiver nos cultures de la même manière que par le passé : nous pouvons décider de consommer différentes parties de la plante ou de les faire pousser à différentes périodes de l'année. Nous pouvons sélectionner des plantes qui répondent à nos besoins spécifiques.

La photographie présentée sur la page adjacente provient de mon projet de pois à cosse rouge. Je savais qu'une telle couleur de pois pouvait théoriquement exister. Je ne connaissais cependant aucun catalogue de semences qui en offrait de graines. J'ai donc entrepris d'en créer en croisant des pois à gousses jaunes avec leurs homologues à gousses pourpres. Une petite fraction de leur descendance a arboré des cosses d'un rouge éclatant.

Si l'occasion se présentait de refaire ce projet, je veillerais à choisir les parents avec plus de soin, pour éviter l'introduction de caractères superflus. Je ne sélectionnerai par exemple que des pois gourmands comme parents.

Sélection Involontaire

L'acte de cultiver des plantes et de préserver leurs graines équivaut à une sélection, intentionnelle ou non, d'une population* qui prospère dans des conditions de culture données. Nous pouvons délibérément façonner cette population pour obtenir ce que nous désirons. Nous pouvons également travailler de manière moins intentionnelle et aboutir de ce fait à une sélection involontaire. L'endogamie* observée, par exemple, à l'heure actuelle, dans de nombreuses cultures domestiquées découle, en partie, du choix involontaire des agriculteur·trice·s à l'encontre de la pollinisation croisée*.

Le patrimoine génétique d'une plante lui donne les moyens de s'adapter progressivement à son environnement. En cultivant des plantes selon nos méthodes préférées, nous sélectionnons celles qui n'auront une croissance optimale qu'avec ces méthodes de culture spécifiques.

J'ai inspecté des entreprises de production de semences qui faisaient une utilisation intensive de films plastiques agricoles, tant en dessous qu'au-dessus des plantes. Ces agriculteur·trice·s n'avaient pas conscience que cette pratique sélectionnait les plantes qui ne se développaient de manière optimale qu'en présence de tels plastiques. Ces plantes, cultivées par des client·e·s qui n'ont pas recours aux films plastiques dans leurs jardins, n'arrivent pas toujours à survivre. Il leur manque un des éléments essentiels de leur environnement habituel. Si les producteur·trice·s de semences utilisaient intentionnellement les films plastiques et commercialisaient leurs plantes en précisant qu'elles nécessitent l'utilisation de ces matériaux pour leur développement, cela pourrait s'avérer un atout à la vente pour ceux·celles qui utilisent déjà des films plastiques dans leurs propres opérations. Je demeure cependant convaincu que les client·e·s y perdent quand on ne les informe pas de tels risques.

Au marché, une amie m'a demandé pourquoi ses tomates se tachaient de boue dans son jardin, alors que les miennes semblaient rester impeccables. Je n'ai pas su quoi lui répondre. À la récolte suivante, j'ai remarqué que mes tomates métissées présentaient, en réalité, un type de tige différent de celui des variétés* de tomates disponibles dans le commerce. Année après année, quand j'avais sélectionné les tomates dont j'allais sauvegarder les graines, je n'avais gardé aucun des fruits qui touchaient la boue. J'avais ainsi, de manière inconsciente et involontaire, sélectionné des tomates avec une structure de tige arquée, élevant leurs fruits au-dessus du sol. Les tomates avaient développé ce type de tige d'elle-même, sans aucun effort ni attention de ma part.

Récemment, j'ai découvert parmi mes cultures, une famille de tomates qui poussent en forme d'arbuste, avec des tiges ligneuses. J'ai l'intention d'explorer plus avant les bénéfices à tirer de cette caractéristique. Dans mon jardin, je cultive les tomates sans tuteur ni traitements, en les laissant s'étaler au sol. Pour les personnes qui les cultivent dans les climats humides, il pourrait s'avérer utile d'avoir accès à des semences d'arbustes de tomates qui maintiennent leurs feuilles au-dessus du sol pour éviter le mildiou.

J'observe les cultivateur·trice·s de tomates qui appliquent toutes sortes d'engrais et de pulvérisations, et mettent en place nombre de techniques et treillis. Iels investissent un travail considérable dans la culture de leurs plantes. Ce faisant, iels opèrent,

Tomates naturellement propres

sans le savoir, une sélection en faveur des variétés qui dépendent de ces apports coûteux.

Décalage des saisons de culture

Nous pouvons sélectionner certaines cultures pour qu'elles poussent à des saisons différentes de celles auxquelles elles ont coutume de le faire. A cet effet, mes efforts portent sur la sélection de cultures qui, une fois plantées à l'automne, s'avèrent capables de prospérer et fournir une récolte aussi précoce que possible, sans aucune irrigation au printemps. Dans mon écosystème, je mets ainsi à profit le fait que la plupart de notre humidité apparaît pendant les périodes de gel à l'automne, en hiver et au début du printemps.

Les cultures, résistantes au froid, qui peuvent rester en terre pendant l'hiver et produire une récolte printanière comprennent : les pois[1], la laitue, les navets, les choux bok choi, les choux frisés[2], les épinards, les céréales, les bettes à cardes, la famille des brassicacées et les espèces sauvages. Je sème les annuelles à l'automne, juste

---

1   Pisum sativum
2   Brassica oleracea var. sabellica

avant la période des pluies. La météo fait une sélection naturelle de celles capables de résister au froid. Certaines espèces et certaines variétés affichent naturellement une plus grande rusticité que d'autres. En sélectionnant ces cultures pour leur capacité à survivre à l'hiver, je pourrais involontairement sélectionner des caractères préjudiciables à leur développement en été. J'ai donc créé deux populations distinctes pour ces cultures : une première semée à l'automne et une seconde au printemps.

Dans mon écosystème, les céréales semées à l'automne peuvent se cultiver sans irrigation. Le seigle, ainsi que de nombreuses variétés de blé, y ont démontré une très bonne résistance au froid. Il en va cependant autrement de l'avoine et de l'orge. En sélectionnant des céréales qui peuvent prospérer une fois semées à l'automne, je réduis ma dépendance à l'irrigation sous pression ainsi qu'aux infrastructures industrielles et politiques qu'elle implique. Les acequias, ces canaux d'irrigation qui acheminaient autrefois l'eau depuis des sources naturelles vers les communautés rurales de la région ont, hélas, depuis longtemps disparues.

Le seigle se ressème spontanément dans mon écosystème, comme une espèce sauvage. Sa culture ne nécessite ni semis, ni entretien, ni irrigation. Il suffit d'en récolter les grains mûrs. Il se pourrait que certaines variétés de blé ou d'orge puissent s'adapter à des méthodes de culture similaires. Grâce à sa stature, le seigle se dresse au-dessus des adventices*, bénéficiant ainsi d'un avantage concurrentiel. Ses grains possèdent des propriétés allélopathiques[3] qui lui confèrent une forme d'hégémonie. De plus, sa capacité à croître durant toute la saison hivernale lui permet de surpasser aisément les plantes annuelles qui germent au printemps.

Le blé offre de nombreuses variations en termes de taille. Si je prévoyais de cultiver du blé à la manière du seigle, je sèmerais les variétés les plus hautes. Cela leur permettrait de surpasser les adventices et éviterait également aux paysan·ne·s la nécessité de se pencher pour les récolter.

---

3   Propriétés allélopathiques : capacités du seigle à libérer des composés chimiques qui peuvent inhiber la croissance ou le développement des autres plantes.

De nombreuses espèces bisannuelles*⁴ ou vivaces*⁵, semées au début du printemps, peuvent produire des récoltes précoces. Ma sélection porte sur les panais, les navets, les côtes de blettes, les carottes et les topinambours qui, semés à l'automne, peuvent rester en terre pendant tout l'hiver, sans protection et produire une récolte précoce. Les betteraves pourraient probablement également s'adapter à un tel mode de culture.

Le mouron offre une source fiable de légumes verts dès l'apparition du printemps. J'aimerai réussir à le cultiver délibérément plutôt que de le laisser se ressemer de lui-même. Il prolifère déjà dans mon jardin où il pousse comme du chiendent ! Avec un peu d'observation et de modestes efforts, il pourrait devenir une culture alimentaire importante, du fait de sa capacité à résister à de très basses températures.

Dans les régions plus chaudes, on peut décaler la saison de culture pour profiter de périodes d'inactivité des principaux prédateurs et maladies d'une espèce. A cet égard, dans les climats tempérés chauds, je recommande de semer les fèves et féveroles⁶ à l'automne. Et, plutôt que de cultiver des courges à maturité longue, pourquoi ne pas opter pour des variétés à maturité plus courte, plantées soit plus tôt, soit plus tard dans l'année, afin d'éviter les ravageurs, les maladies et les problèmes météorologiques habituel·le·s ? Moins une culture passe de temps en terre, moins elle court le risque de voir sa récolte mise en péril.

En sélectionnant mes haricots communs⁷ pour leur résistance au gel, j'ai avancé leur saison de culture de trois à quatre semaines. Cela me permet désormais de bénéficier de deux récoltes étalées : une première, précoce suivie d'une seconde, plus importante. Cet allongement de la fenêtre de récolte évite la course contre la montre liée aux récoltes uniques dont la maturité se concentre sur une courte période. De plus, la récolte précoce assure une plus

---

4   Plante bisannuelle* : plante dont le cycle de vie naturel s'étend sur deux ans. La première année, elle produit des feuilles et des racines, mais ne fleurit pas. La deuxième année, elle fleurit, produit des graines et meurt. Les exemples de plantes bisannuelles incluent par exemple la carotte et le chou frisé.

5   Plantes vivaces* : plantes qui persistent et survivent d'une saison à l'autre comme les asperges par exemple.

6   Vicia faba ssp. major, Vicia faba ssp. equina et Vicia faba ssp. minor

7   Phaseolus vulgaris

grande fiabilité en mûrissant avant le début des pluies d'automne qui peuvent endommager la récolte principale.

Le principe du décalage saisonnier* pourrait également s'appliquer au développement de variétés adaptées aux serres, aux châssis froids ou aux emplacements près des rochers, clôtures ou murs.

Caractères uniques

Jardiner avec des semences paysannes métissées offre de nombreuses opportunités d'influencer le phénotype* des végétaux ou des animaux. Un·e jardinier·ère ou un·e paysan·ne attentif·ve notera facilement que certaines de ses plantes présentent des caractères distincts des autres. Les descendants de ces spécimens hors-type hériteront probablement également de ces caractères particuliers.

Comme évoqué précédemment, au cours des années 1880, mon arrière-arrière-grand-père avait repéré une tige de blé dans son champ qui affichait une croissance plus vigoureuse que les autres. Il avait récolté, séparé et conservé ces graines pour les multiplier ensuite dans son jardin potager. En définitive, cette variété de blé distincte devint celle la plus largement cultivée dans le nord de l'Utah et le sud de l'Idaho.

Fleurs de tomates ornementales

J'adore les énormes fleurs aux couleurs vives issues de mon projet de Délicieuses Tomates Magnifiquement Débridées*[8]. Je sélectionne en priorité les plantes aux fleurs les plus spectaculaires. Je caresse l'idée de pouvoir, un jour, vendre des plants de tomates spécifiquement destinés aux jardins de fleurs. Pour l'instant, je dois me concentrer sur la sélection de tomates aux notes fruitées, sans commune mesure avec le goût franchement peu réjouissant des tomates ordinaires.

---

8   En anglais, Beautifully Promiscuous and Tasty Tomato Project. Expression empreinte de facétie créée par Joseph.

Mon projet de haricots résistants au gel a débuté par hasard, une fin de printemps, quand environ 5% de mes jeunes plants ont survécu à un épisode de gel. Un tel taux de survie s'avère excellent dans le cadre d'un projet d'adaptation des plantes aux conditions locales. J'ai donc conservé et ressemé ces graines l'année suivante, un mois plus tôt. Beaucoup d'entre elles ont survécu. J'ai répété ce processus pendant des années. Cette population possède désormais une bien meilleure résistance au gel que les haricots ordinaires.

Les topinambours et les tournesols annuels, bien que d'espèces* différentes, peuvent faire l'objet de pollinisation croisée* et produire des hybrides féconds. Les topinambours possèdent de gros tubercules comestibles et pérennes. Les tournesols annuels produisent des graines charnues. Les possibilités de sélection issues de ce croisement me fascinent. Pourquoi ne pas sélectionner une même plante qui allierait tous ces caractères cumulés ? Quelle culture parfaite pour la permaculture !

Les fleurs de topinambours se développent très tardivement. Pour tenter de créer un croisement, j'essaierai donc de semer des tournesols annuels à intervalles de 10 jours, afin de tenter de synchroniser leurs périodes de floraison. Il se peut également que l'on puisse préserver le pollen des tournesols par séchage et/ou congélation. À noter enfin que les cotylédons*[9] des hybrides ne ressembleront à aucun de ceux des deux parents.

Dans le chapitre sur la souveraineté alimentaire, j'explore plus en détail la création de tournesols vivaces* produisant à la fois de larges tubercules et une abondance de graines de gros calibre.

Courges à la peau duveteuse

Dans mon projet de métissage des courges, j'ai noté l'apparition de certains fruits à la peau duveteuse. Ils procurent une sensation très étrange au toucher. Cela me fascine ! Et si les cervidés[10] détestaient la sensation qu'ils procurent, mettant ainsi ces fruits à l'abri

9   Cotylédon : la première feuille ou les premières feuilles qui apparaissent lors de la germination d'une graine.
10 La prédation des cervidés peut entraîner des pertes importantes pour les paysan·ne·s, par exemple dans certaines régions des États-Unis.

de ce type de prédation ? Et si ce duvet pouvait empêcher les punaises de la courge[11] de se nourrir ou de pondre leurs œufs ? Je m'enthousiasme à l'idée d'explorer ces possibilités !

Melon buissonnant

Le melon le plus singulier que je cultive pousse en forme de buisson, avec de très courts entre-nœuds[12]. Il s'avérerait idéal pour ceux·celles qui cultivent sur un balcon ou sur des planches de culture avec un espace limité. Je le plante à environ 30 mètres de mes autres melons, afin de maintenir ces deux populations* séparées.

Mes cultures s'épanouissent en plein soleil, sur une plaine dégagée, sans arbres ni brise-vent, dans un sol limoneux, fertile et alcalin. Seules les cultures capables de pleinement s'épanouir dans un tel environnement ont réussi à survivre. Dans d'autres terroirs, le patrimoine génétique des cultures pourra les faire évoluer pour s'adapter parfaitement à des jardins ombragés, au sol acide et sablonneux. Je ne cherche pas à améliorer mon sol. Faire évoluer le matériel génétique des plantes se révèle bien plus aisé que d'instaurer des changements durables au niveau du sol.

Je cultive du blé et du seigle vivaces* provenant tous deux d'une hybridation naturelle entre des céréales domestiquées et des herbes sauvages locales. Leur nature pérenne leur confère un avantage déterminant par rapport aux espèces* annuelles. Il y a une satisfaction particulière à cultiver une culture en sachant qu'elle poussera toute seule sans exiger une surveillance constante de la part du·de la paysan·ne.

Les poires de mon terroir, cultivées à partir de graines, figurent parmi mes fruits préférés. Leurs fruits immatures ont une peau amère. Cette amertume, qui disparaît une fois les fruits arrivés à maturité, les protège des insectes. Elle permet la culture de poires biologiques en éliminant le besoin d'utiliser des produits chimiques pour les protéger.

---

11 Ce ravageur représente une source de préoccupation importante dans certaines régions du monde pour les dommages qu'il cause aux cultures.

12 Entrenœud : la partie d'une tige de plante située entre deux nœuds, où se développent normalement les feuilles, les fleurs ou les fruits.

Je cultive des tournesols géants qui peuvent atteindre près de 4 mètres de haut. Je sélectionne les plantes à la tête orientée vers le sol, afin d'empêcher les oiseaux d'en consommer les graines. Je veille également à sélectionner les graines qui se détachent facilement de la tête ainsi que les unes des autres. Cela me permet de les récolter, à même le champ, en frottant simplement ma main gantée sur leurs têtes. J'ai adopté cette approche après avoir fait face à de considérables problèmes de moisissure quand je récoltais les têtes entières et que j'essayais de les faire sécher en automne, par temps frais et humide. Dorénavant, mes graines de tournesol sèchent rapidement, une fois étalées.

Des concombres à peau jaune ont fait leur apparition au sein de ma population métissée. Leur saveur subtile et délicate fait d'eux les meilleurs concombres crus ou marinés que je n'ai jamais goûté. Ils se prêtent également merveilleusement à la lacto-fermentation. Je travaille actuellement avec cette population* pour augmenter la taille de leurs fruits, qui reste un peu petite. Cela pourrait illustrer un cas dans

Concombres

lequel la réalisation d'un hybride artisanal* entre cette population et une variété* à plus gros fruits pourrait s'avérer intéressante.

La famille des cactus offre un potentiel important en termes de développement de nouvelles cultures. On peut consommer ses fruits et ses feuilles, qu'on appelle des raquettes. On pourrait même envisager de développer des fleurs comestibles. Plutôt que de les percevoir comme des espèces distinctes, je considère les membres de cette famille comme appartenant à un complexe d'espèces qui recèle de nombreuses opportunités pour découvrir de nouvelles cultures intéressantes parmi elles. Certaines espèces à petits fruits n'ont même pas d'épines sur leurs fruits ! Imaginez, des fruits de cactus sans épines ! Quel caractère passionnant à explorer ! Peut-être pourrions-nous également travailler à la sélection de fruits plus productifs et de plus gros calibre ?

Les fruits de cactus peuvent s'avérer délicieux. Il y a plus de dix ans, j'ai semé un lot de graines d'une espèce de cactus appelée Opuntia engelmanii. La plupart n'ont pas survécu au premier hiver. Quelques-unes ont cependant réussi à prospérer et produire une récolte. Ces fruits figurent parmi les plus savoureux que je consomme. Leurs minuscules épines m'obligent généralement à les couper en deux pour évider la pulpe à l'aide d'une cuillère. Une amie préfère brûler les épines à la flamme.

Je cultive également une autre espèce de cactus appelée Opuntia humifusa. Mon cultivar* possède de fines glochides[13] mais aucune grosse épine, ce qui lui vaut l'appellation de « sans épine ». Pour débarrasser les raquettes des glo-

Raquettes de cactus comestibles

chides avant de les manger, je les frotte dans l'herbe. Je connais des gens qui les retirent en découpant les aréoles[14] une à une.

Une de mes voisines cultive également un cactus. Comme il ne résiste pas au froid, elle l'a placé dans un grand pot qu'elle rentre à l'intérieur pour l'hiver. En été, elle le sort pour récolter et déguster ses jeunes raquettes.

Fruits de cactus comestibles

---

13 Glochides : minuscules et fines épines ou poils présents sur certains types de cactus, souvent difficiles à voir à l'œil nu. Irritantes, elles peuvent facilement se détacher et s'enfoncer dans la peau lorsqu'on les touche, provoquant une sensation de brûlure ou d'irritation.

14 Aréoles : petites bosses ou protubérances sur la surface des cactus sur lesquelles poussent les glochides.

Pois chiches issus des semences paysannes métissées d'Anphlo

La population métissée de tomatillo d'Anphlo

Chapitre 7 : Pollinisation débridée

La pollinisation croisée naturelle*, que j'appelle dans cet ouvrage la pollinisation débridée, joue un rôle crucial dans la survie à long terme des populations métissées. Certaines espèces, que l'on qualifie d'allogames*, y ont recours spontanément pour leur reproduction. D'autres espèces, dites autogames*, se reproduisent en revanche principalement par autofécondation et ne se croisent que de manière occasionnelle.

La pollinisation débridée* brasse et réorganise le patrimoine génétique des plantes, permettant à la vie végétale de s'adapter aux transformations de son habitat et à l'évolution des pratiques agricoles.

Phénomène éminemment local

La pollinisation opère à une échelle extrêmement locale. Une fleur a de fortes chances de se faire polliniser par la première fleur compatible qui se trouve à proximité. C'est pourquoi, quand on associe différentes variétés, plus on les plante à proximité les unes des autres, plus on multiplie les chances qu'elles se croisent. Pour cette raison, en ce qui concerne les espèces autogames, je sème les graines des différentes variétés mélangées les unes avec les autres pour accroître leurs chances d'hybridation.

Flux de pollen
(entre les fleurs)

Le flux de pollen opère à une échelle extrêmement locale

Les mécanismes de la pollinisation adoptent des modèles quadratiques. Cela signifie que lorsque la distance entre deux fleurs double, les chances de pollinisation croisée* se réduisent à un quart. Si cette distance se multiplie par dix, les chances de pollinisation croisée deviennent cent fois plus réduites.

Flux de pollen entre les parcelles
Rangées de 3 m de long séparées entre elles de 3 m

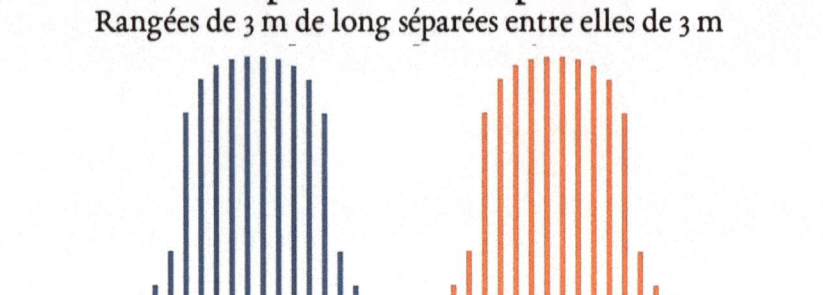

Flux de pollen au sein d'une rangée

Le schéma ci-dessus, illustrant le flux de pollen entre les fleurs, s'applique à toutes les échelles de pollinisation, entre les différentes fleurs d'une même ombelle de carotte comme entre les différentes ombelles d'une même plante. Il s'applique également aux flux de pollens entre toutes les plantes d'une même parcelle, ainsi qu'entre les diverses parcelles d'un même champ.

La prise de conscience de l'échelle extrêmement locale à laquelle s'effectue la pollinisation nous offre la possibilité de planifier l'emplacement des cultures pour faire en sorte, soit de minimiser la pollinisation entre elles en maintenant des distances d'isolement*, soit, au contraire, de maximiser les occasions de croisements.

Pureté et distances d'isolement

Les gens ressentent souvent une certaine appréhension à l'idée de conserver leurs propres semences. Que se passera-t-il s'iels ne respectent pas à la lettre les distances d'isolement recommandées*[1] ? Ou s'iels contaminent une variété ? Que faire pour éviter la dépression consanguine*[2] ? Ou si l'on a semé des graines d'hybrides* ? Ne risque-t-on pas d'obtenir des plantes toxiques ou

---

[1] Distance d'isolement* recommandée : distance minimale recommandée entre différentes variétés* pour éviter la pollinisation croisée*, afin de les maintenir séparées, autrement dit distinctes, homogènes et stables.

monstrueusement déformées ? Ma réponse à ces questions se résume ainsi : ces choses n'ont pas grande importance.

Il n'y a véritablement qu'un élément clé à retenir au sujet de la conservation des semences : les plantes engendrent des graines que l'on peut récolter et ressemer. Dans le contexte de sélection des plantes, gardez également en tête que leurs descendants ressembleront à leurs parents et grands-parents, même s'il arrive qu'un caractère saute parfois une génération.

Le Grand Secret de la Sélection des Plantes

Les plantes produisent des graines.
Les descendants ressemblent
à leurs parents et grands-parents.
Un trait peut sauter une génération.

La culture de populations métissées simplifie considérablement la conservation des semences. Cela évite d'avoir à s'inquiéter outre mesure de la pureté des variétés* et des distances d'isolement*. Les préoccupations concernant le maintien d'une telle pureté, bien que cette dernière mène en fait à la dépression consanguine*, représentent bien souvent le principal obstacle à la conservation des graines. Pour ma part, je ne me soucie guère des distances d'isolement ou de la préservation de la pureté des cultivars*. Le croisement entre les différents cultivars rend les plantes plus résilientes. Lorsqu'une courge Hubbard se croise avec une courge banane, elles donnent naissance à des courges. Ces hybrides ressemblent à des courges, se cultivent comme des courges et se cuisinent comme des courges. Lorsque deux variétés exceptionnelles se croisent, elles transmettent à leurs descendants les caractères qui ont fait d'elles des variétés exceptionnelles.

Cela fait près de 40.000 ans que l'humanité a entamé la domestication des plantes. Ce processus a d'ores et déjà éliminé la plupart des caractères indésirables des cultures. Je n'observe pas de muta-

---

2   Dépression consanguine* : réduction de la vigueur ou de la qualité des plantes qui résultent de la reproduction entre plantes étroitement apparentées.

tions toxiques suite aux croisements de variétés domestiquées depuis si longtemps. Lorsque deux de ces variétés se croisent, leur descendance reste tout aussi domestiquée que ses parents, intégrant leurs caractéristiques respectives.

De temps à autre, je réalise des croisements avec des parents sauvages, issus de milieux moins domestiqués. J'espère incorporer ainsi une diversité supplémentaire dans mes populations*. Lors de ces croisements, il peut arriver que je tombe sur un fruit toxique ou sur d'autres caractères indésirables. Les toxines présentes dans les melons, les courges, les concombres, les haricots et la laitue se détectent facilement car elles rendent ces fruits et légumes littéralement immangeables. Une telle caractéristique fournit souvent un indicateur assez fiable d'une potentielle toxicité. Au sein de la famille des solanacées, certaines plantes toxiques peuvent néanmoins avoir un goût agréable. Leur consommation me procure cependant une immédiate sensation de nausée qui me permet de les identifier rapidement.

J'ai planté, une saison dans mon jardin, un petit melon cantaloup au parfum très plaisant appelé un Melon de Poche. Je goûte toujours tous les fruits avant de décider d'en sauvegarder les semences. Les Melons de Poche avaient un goût abominable ! Sachant que cela pouvait révéler la présence de toxines, j'ai décidé de jeter toute ma récolte de graines de l'année pour cette espèce*. Je ne voulais pas prendre le risque d'introduire des substances nocives dans ma population de melons.

Une autre fois, en incorporant des gènes de pastèques sauvages à ma population de pastèque, le caractère du « melon explosif » a fait son apparition. Les pastèques, une fois gorgées de soleil, se fendaient au moindre choc. Grâce à une sélection progressive, ce caractère a disparu en l'espace de quelques années.

Je considère les haricots tépari[3] comme une culture seulement partiellement domestiquée. Les lignées à l'origine de mes semences actuelles possédaient un trait particulier que je nomme « graine dure ». Ce caractère, présent dans environ 10 % des graines, se manifestait par une difficulté à absorber l'eau. Les graines affectées nécessitaient des semaines, voire des mois, pour germer. J'ai éliminé cette caractéristique en faisant tremper les graines et en ne semant que celles capables d'absorber l'eau immédiatement. Les semences de pastèques sauvages que j'ai introduites présentaient également

---

3   Phaseolus acutifolius

ce caractère à l'origine, mais il a disparu de lui-même : les pastèques nécessitant toute une saison pour produire une récolte dans mon jardin, celles à germination lente n'ont pas eu le temps de produire de graines avant les premières gelées.

Désormais, lorsque je décide de cultiver des ancêtres sauvages des cultures domestiquées, je veille à les planter dans un champ distinct, pendant plusieurs années. Cette précaution garantit qu'ils ne transmettent pas de caractères indésirables au reste de la population domestiquée. Il s'avère plus aisé de les isoler dès le début, plutôt que de devoir éliminer un caractère inopportun ultérieurement.

Je veille à séparer les piments forts des poivrons doux. L'apparence des poivrons doux m'importe peu. Ils peuvent revêtir n'importe quelle forme, couleur ou taille, pourvu qu'ils restent doux. Je n'exige d'eux qu'une seule caractéristique fondamentale : s'avérer à même de produire des fruits.

Pour les cultures principalement autogames*, telles que les haricots communs[4] et les céréales, une distance de 3 mètres suffit à les isoler. En revanche, pour les cultures principalement allogames*, une distance de 30 mètres s'avère nécessaire. À cette distance, j'observe généralement entre 1 % et 5 % de croisements.

Les cultures qui fleurissent à des moments différents ne se croisent pas. Par exemple, un maïs à maturité précoce peut pousser à côté d'un maïs à maturité tardive sans risque de pollinisation croisée*. C'est ainsi que je parviens à cultiver du maïs à farine* et du maïs doux dans un même champ.

De même, la dépression consanguine* ne devient un problème que lorsqu'on cultive un cultivar* en isolation complète. Tant que l'on introduit régulièrement du nouveau matériel génétique, il n'y a pas de véritables raisons de s'inquiéter du nombre de plantes formant une population. Ces nouveaux apports compensent l'appauvrissement génétique engendrée par la consanguinité.

Je me demande si les recommandations sur les tailles minimales de population* préconisées pour la sauvegarde des semences ne représentent pas une tactique employée par les grandes entreprises semencières pour dissuader les gens de préserver leurs propres graines. Il devrait y avoir une différence entre les normes nécessaires pour réguler la production de semences à l'échelle mondiale et celles à mettre en place pour permettre à un collectif

---

4   Phaseolus vulgaris

local de territorialiser[5] une production alimentaire. Je n'ai pas l'intention de proposer de chiffres magiques quant au nombre minimum de plantes à partir desquelles conserver vos graines : je préfère suggérer de sauvegarder autant de semences que vous et votre collectif local jugez raisonnable et possible. Sélectionner en faveur de la diversité. Si une variété perd en vitalité, permettez-lui de se croiser avec une autre.

Récolter un certain pourcentage de fruits atypiques ou non conformes ne me dérange pas outre mesure. Dans mon jardin et en cuisine, je fais tout à la main. Si je découvre un fruit ou un légume qui ne me convient pas, je le composte ou le donne aux animaux.

Cultures allogames

Les cultures allogames* s'adaptent plus rapidement que les cultures autogames* à la cultivation en population métissée. Le brassage régulier de leurs gènes permet une sélection rapide des familles[6] qui peuvent prospérer dans un terroir donné.

Le maïs se pollinise grâce au vent. Son pollen, plus lourd que l'air, chute rapidement vers le sol. Dans mes champs, où la vitesse moyenne du vent se situe aux alentours de 16 Km/h, le pollen de maïs touche le sol avant d'atteindre les soies de maïs dès que la distance entre les deux dépasse les 8 mètres.

Emporté par les tourbillons d'une tempête, le pollen de maïs peut potentiellement parcourir plusieurs kilomètres. Quelques grains de pollen égarés des champs environnants n'ont cependant que peu d'impact sur les millions de grains de pollen produits au sein de la culture elle-même. La majeure partie du pollen de maïs se dirige le plus souvent droit vers le sol. Lorsque, par mégarde, je sème une graine de maïs colorée dans un champ de maïs blanc, le pollen de la plante colorée ne teintera que les grains des quelques épis blancs voisins. La plupart des croisements se produisent dans un rayon ne dépassant guère plus d'1 mètre.

---

5   Territorialiser : dans le contexte de la production alimentaire, se réfère au processus de renforcement des liens entre les ressources naturelles, les pratiques agricoles et les communautés locales dans une région donnée. Cela implique souvent de valoriser et de promouvoir les ressources et savoir-faire locaux·les et les circuits courts de production et de distribution alimentaire.

6   Également appelées des « clades » en termes scientifiques.

J'exploite la nature localisée de la pollinisation pour cultiver des lignées soeurs. Je sème, par exemple, toutes les graines de maïs violet ensemble, en bloc, puis celles de maïs blanc ensemble, en bloc juste à côté, suivies de celles de maïs jaune ensemble, en bloc, juste à côté de celles du maïs blanc. Lors de la récolte, le bloc de maïs blanc produira principalement des épis blancs, avec quelques grains violets sur l'un des bords, et quelques grains jaunes sur l'autre bord. Dans ce système, je minimise les croisements entre le maïs jaune et violet. Cette approche favorise la préservation de divers phénotypes*.

Je dispose les plants de courges vertes à l'extrémité d'un rang et les plants de courges oranges à l'autre extrémité. Ainsi, les courges oranges comme les courges vertes restent principalement pollinisées par les courges de même couleur, ce qui permet de préserver leurs deux populations distinctes. Quelques croisements surviennent au milieu du champ.

Cultures principalement autogames

Les cultures principalement autogames* ont une forte tendance à privilégier l'autopollinisation*[7] par rapport à la pollinisation croisée*. La structure même de leurs fleurs favorise l'auto-fécondation. En raison de la lenteur avec laquelle ces cultures brassent leurs gènes, elles s'adaptent plus lentement au terroir que les cultures allogames*. Cependant, en réduisant les distances de plantation entre chacune des plantes, on peut encourager des taux de croisements plus élevés au sein de ces cultures.

De ce fait, les variétés autogames importées subissent, immédiatement et de plein fouet, les rigueurs de la sélection naturelle. Par exemple, dans mon jardin, les haricots, une culture recourant principalement à l'auto-fécondation et généralement peu adaptée à mon climat, échouent généralement la première année.

Pollinisation croisée très limitée avec 1 m de séparation

J'estime qu'environ 9 variétés de haricots communs sur 10 que je sème ne parviennent pas à produire de graines que je puisse resse-

---

7   Autopollinisation* : fécondation de la plante par elle-même, sans nécessiter la pollinisation croisée par une autre plante de la même espèce*.

mer l'année suivante. En ce qui concerne les tomates, seule environ 1 variété sur 20 parvient à mûrir des fruits avant les gelées automnales. Au fil des années cependant, les haricots et les tomates s'adaptent progressivement en tant que variétés autogames* au sein d'un mélange d'autres variétés autogames.

Le taux naturel de pollinisation croisée* des haricots communs domestiqués varie entre 0,5 et 5 %. Ce taux permet à l'évolution naturelle de s'opérer. Cependant, en repérant les hybrides spontanés* et en faisant en sorte de les ressemer de manière préférentielle, on accélère ce processus d'adaptation locale.

Même en l'absence de sélection intentionnelle en leur faveur, les descendants des haricots subissant une hybridation naturelle auront tendance à une plus grande productivité. Par conséquent, ils produiront davantage de semences que les haricots ayant une tendance autogame plus marquée. La population évoluera donc inévitablement vers une prévalence des variétés capables d'un taux plus élevé de pollinisation croisée.

Les croisements manuels* permettent le brassage des gènes des cultures principalement autogames. En deux à quatre générations, cette réorganisation des gènes aboutira à de nouvelles combinaisons dont certaines pourront s'avérer particulièrement adaptées aux conditions locales. Par exemple, ma population métissée de haricots tépari[8] n'a connu de véritable succès qu'après qu'Andy Breuninger m'ait envoyé des hybrides de tépari. Andy réalise ses croisements à la main, à petite échelle. Ces quelques graines hybrides ont suffi à enrichir considérablement la palette de couleurs et, avec elle, le patrimoine génétique de mes haricots tépari.

Maintenir un écosystème sain, dans son jardin comme dans les zones environnantes, favorise la présence de pollinisateurs, ce qui augmente la pollinisation croisée*. Ces derniers prospèrent davantage lorsqu'ils ont accès à une variété d'espèces végétales pour les nourrir tout au long de leur cycle de vie.

Je laisse s'épanouir dans ma ferme et dans les zones naturelles alentour n'importe quelle plante qui arrive à y pousser. Dès qu'elles s'y établissent, je les considère comme des « plantes endémiques[9] ». Même en les observant attentivement, je peux rarement déterminer leur origine géographique initiale ou leur date

---

8   Phaseolus acutifolius

9   Plantes endémiques : plantes originaires d'une région spécifique qui ne se trouvent pas naturellement ailleurs.

d'apparition dans la région. Je constate seulement que toutes les plantes, indépendamment de leur provenance, offrent d'importantes ressources comme de la biomasse, du pollen, du nectar et des abris pour la faune locale.

Fèves débridées échangées entre les membres de Going to Seed

Haricots tépari avant la création d'hybrides

Haricots tépari après la création d'hybrides

Machaon pollinisant le jardin d'Anphlo

*La diversité végétale favorise une plus grande diversité des pollini-
sateurs*

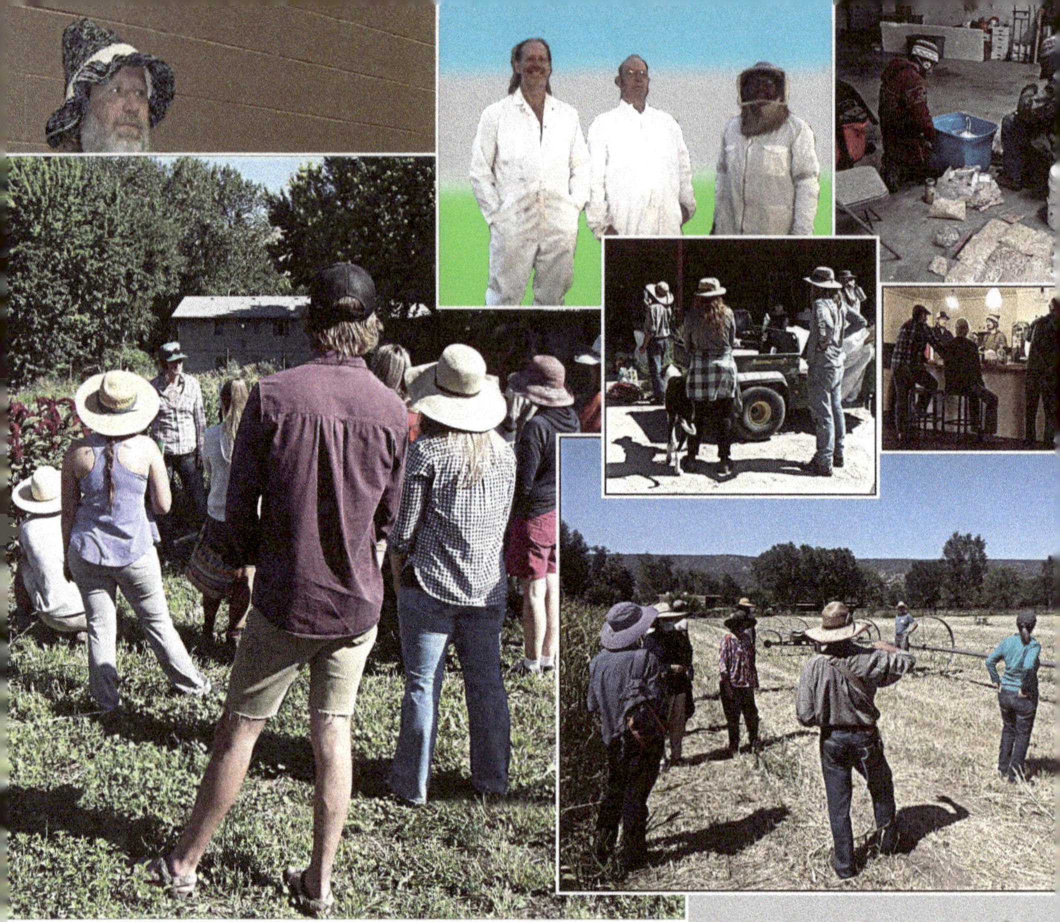
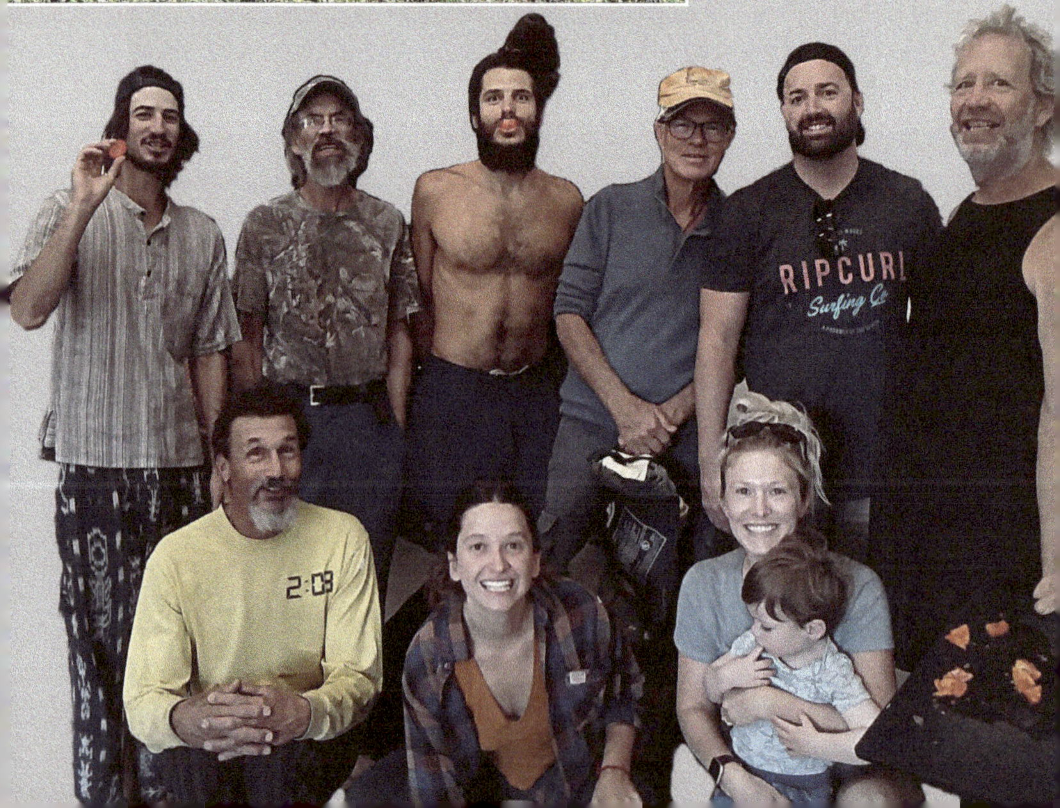
RIPCURL
Surfing Co

Chapitre 8 : Souveraineté alimentaire

Importance de la coopération au niveau local et collectif

La coopération et la solidarité au niveau local, entre voisin·e·s et au sein de collectifs, représentent la source ultime de souveraineté alimentaire. Plus la production alimentaire se trouve relocalisée, plus sa fiabilité augmente. Maintenir des filières alimentaires et semencières à l'échelle locale procure une forme de sécurité et de résilience face aux perturbations mondiales et régionales de l'approvisionnement alimentaire.

Moins il y a d'intermédiaires entre la production et la consommation, plus le système alimentaire devient sûr. Dans un système alimentaire idéal, chaque membre de la société contribuerait d'une manière ou d'une autre à la production alimentaire locale.

Cette contribution pourrait prendre des formes très variées allant de l'achat de produits sur les marchés locaux à la mise à disposition d'un terrain vacant au profit d'un·e jardinier·ère ou d'un·e paysan·ne pour qu'iel y cultive des fruits et légumes. Elle pourrait également impliquer, par exemple, la production de choucroute ou de cornichons à partir de produits locaux. Même le médecin pourrait remplacer les arbustes décoratifs devant son cabinet par des plants de tomates.

Ma coopérative alimentaire locale représente bien plus qu'un lieu où faire mes courses. Elle nourrit mon âme et me permet de tisser des liens en me donnant l'occasion de chanter, danser, jouer du tambour et faire la fête avec ses membres. Quel bonheur que d'y partager un repas avec l'ensemble de ma communauté lors de la fête annuelle des semences ! Cette fête célèbre les cultures qui ont poussé dans nos fermes l'été dernier à partir de graines semées, l'année précédente, durant ces mêmes festivités.

Je cultive de nombreuses espèces et types de nourriture pour ma propre consommation et celle de ma communauté. Une portion significative de mon alimentation provient également d'autres sources locales. Je fournis des légumes et, en retour, mes voisin·e·s me procure d'autres types d'aliments.

Je ne fais pas de pâtisserie, mais j'offre des produits de ma ferme à la boulangère, près de chez moi. Elle me donne du pain en échange. Il m'arrive de donner du miel à un·e chasseur·se. À l'occasion, iel partagera du gibier avec moi. Un·e pêcheur·se me donnera du poisson.

Quand j'ai traversé des difficultés relationnelles dans ma vie personnelle et que j'ai perdu mes semences, ma communauté locale et en ligne m'a apporté son soutien en m'envoyant des graines de leurs propres stocks pour les remplacer.

Atouts de la diversité par rapport à la consanguinité

L'histoire agricole récente nous a fourni des exemples d'échecs de cultures causés par certains agents pathogènes surmontant les défenses naturelles des plantes et se propageant à l'ensemble d'une culture telle une traînée de poudre. Cette propagation a pu s'effectuer à une vitesse fulgurante du fait de l'homogénéité génétique des cultures en question. Des phénomènes météorologiques peuvent également causer de tels échecs agricoles de grande envergure. En jardinant avec des populations métissées*, on évite ces problèmes en maintenant une importante diversité génétique à la fois entre et au sein des espèces[1].

Suite à la crise de la rouille du maïs en 1970, l'Académie nationale des sciences a tiré la sonnette d'alarme sur « l'immense vulnérabilité » des cultures américaines du fait de leur uniformité génétique. Depuis cette période, cette tendance n'a fait que s'accélérer. Je prévois qu'elle persistera dans l'agriculture intensive à grande échelle en raison de l'essor continu de la mécanisation agricole.

Un mouvement à contre-courant de cette homogénéisation a émergé parmi les petits producteur·trice·s. Leurs motivations pour rechercher des cultures génétiquement plus diversifiées varient. Certain·e·s cherchent à élargir la palette des saveurs, tandis que d'autres valorisent la beauté des couleurs uniques. Certain·e·s visent également à augmenter le contenu nutritionnel de leurs cultures.

Personnellement, je cultive des populations paysannes métissées principalement pour leur fiabilité : elles évitent généralement qu'une culture ne subisse un échec complet. Elles m'offrent, de surcroît, une nourriture savoureuse et intéressante tant sur le plan gustatif que visuel. Comme je récolte à la main, l'uniformité des cultures mécanisée ne présente, de toute façon, aucun intérêt pour moi.

---

[1] Également appelée, en termes techniques, une diversité génétique « inter et intraspécifique* ».

Clonage

Les défaillances de récoltes à grande échelle concernent tout particulièrement les cultures reproduites par clonage. En effet, quand une culture ne contient que des clones, si un agent pathogène/prédateur arrive à surmonter les défenses d'un des clones, il peut envahir la culture toute entière. J'évite de cultiver des clones et privilégie, au contraire, les graines pollinisées de manière débridée. J'accrois ainsi la biodiversité de mon jardin en multipliant, à partir de graines, les cultures généralement propagées par clonage.

Pommes de terre

La majorité des variétés commerciales de pommes de terre se révèle, en réalité, des clones stériles, incapables de produire des graines. J'ai dû tester de nombreuses variétés pour réussir à en trouver certaines produisant des graines viables. J'ai cessé de cultiver les autres. En optant pour la culture de pommes de terre à partir de véritables graines, pollinisées de manière débridée, je réduis au maximum le risque de famine de pommes de terre dans ma vallée. Ceux·celles d'entre nous engagé·e·s dans ce projet disent que nous cultivons de « véritables graines de pommes de terre*[2] » pour les distinguer des plants de pomme de terre généralement vendus dans les catalogues et appelés « semences de pomme de terre[3] ».

Topinambours

Les topinambours représentent, pour moi, une source de sécurité alimentaire. Dans mon écosystème au sol limoneux et similaire à leur habitat naturel,[4] cette culture pousse comme du chiendent. Chaque année, je récolte quelques boisseaux de topinambours, pour ma propre consommation et pour les partager avec d'autres gardien·ne·s de semences.

Je laisse cependant la majorité des topinambours enfouie dans le sol où ils se conservent bien. Je peux les récolter entre octobre et avril, chaque fois que le sol dégèle. Difficiles à déterrer, je n'ai ja-

---

2   Véritable graines de pomme de terre* : (en anglais, True Potato Seeds (abrévié TPS)) difficiles à trouver dans les catalogues, voir l'annexe pour des sites internet auprès desquels s'approvisionner.

3   Semences de pomme de terre : clones de pomme de terre vendus pour la culture de pomme de terre.

4   Habitat naturel des topinambours : juste un peu plus sec que là où poussent les massettes.

mais vu quiconque essayer de les voler dans les champs. Peu savent même qu'ils se mangent. Comme les cultures du peuple des collines, ils produisent de la nourriture année après année, sans nécessiter de récoltes annuelles.

Généralement multipliés végétativement[5], à partir de clones auto-incompatibles, les topinambours ne génèrent habituellement pas de graines. Mes topinambours en revanche, du fait de leur diversité génétique, génèrent une abondance de graines en s'entrecroisant de façon débridée. Je peux les multiplier à partir de graines.

Sélection des 15% des topinambours sauvages les plus gros

J'ai croisé au départ une variété classique de topinambours avec une souche sauvage provenant du Kansas (États-Unis). La variété domestiquée avait une surface noueuse qui compliquait son nettoyage en cuisine car la terre avait tendance à se loger dans les interstices. J'ai fait une sélection afin de ne conserver de leur descendance que les gros tubercules lisses de meilleure qualité.

Une culture qui se pollinise par croisement peut s'adapter à mon jardin. J'ai donc fait pousser environ 50 plants de topinambours chaque année, pendant trois générations. A chaque génération, j'ai sélectionné les meilleurs clones, pollinisés jusque là de manière débridée.

J'ai conservé de ce projet environ 15% des nouvelles variétés qui en ont émergé. Je les cultive désormais sous forme de clones. Un clone reste toujours un clone, mais mes clones de topinambours conviennent mieux à mon écosystème et à mes préférences culinaires que les clones disponibles dans le commerce. Ils me permettent, de plus, de relancer un projet de sélection à tout moment. Étant donné que je les laisse se polliniser par croisement, ils génèrent chaque année de nouvelles graines. Certaines d'entre elles peuvent germer et donner naissance à de nouveaux cultivars*.

---

5   Multipliés végétativement* : propagés sans passer par le processus de reproduction sexuée impliquant des graines*. Dans le cas des topinambours, « multipliés végétativement » signifie qu'on produit de nouvelles plantes à partir de morceaux de tubercules ou de rhizomes de la plante mère plutôt que par la germination de graines.

Les chardonnerets adorent les graines de topinambours. Afin de pouvoir récolter une quantité suffisante de graines, je veille à les cueillir peu de temps après la chute des pétales, ou j'enferme les têtes de graines dans un sac en filet.

J'ajoute des topinambours, en petites quantités, dans mes soupes et avec mes légumes rôtis ou sautés. Je les fais également bouillir dans du lait, avant de les mixer en soupe. J'aime aussi les consommer lacto-fermentés. A noter que ces tubercules, parfois sources de flatulences chez les personnes peu habituées à une alimentation riche en fibres prébiotiques, peuvent nécessiter une introduction progressive dans l'alimentation pour limiter ce problème.

Ail (Allium sativum)

Le génome de l'ail (Allium sativum)[6] a encore plus souffert que celui de la pommes de terre de la monoculture par clonage dont il fait l'objet depuis des siècles. Du fait du recours exclusif à ce mode de reproduction végétative*[7], la plupart des variétés* d'ail actuellement cultivées ont perdu la capacité de produire des graines[8].

Avec d'autres personnes associées à ce projet, nous avons obtenu des ancêtres sauvages de l'ail issus des montagnes Tian Shan (en Asie centrale), qui avaient conservé leur capacité à produire des graines. Nous en créons de nouveaux clones pour une utilisation immédiate. À plus long terme, ce projet pourrait aboutir à la

Véritables graines d'ail

création d'une population métissée* d'ail reproduite par pollinisa-

---

6 Le genre* Allium se compose de nombreuses espècesd telles que l'Ail commun (Allium sativum), l'Ail des Ours (Allium ursinum) et l'Ail Éléphant (Allium ampeloprasum). Ce sous chapitre ne discute uniquement que de l'Ail commun (Allium sativum).

7 Reproduction végétative* : dans le cas de l'ail, la reproduction végétative signifie qu'on produit de nouvelles plantes d'ail à partir de caïeux ou de bulbilles d'ail (des clones de la plante mère) plutôt que par la germination de graines* de fleurs d'ail.

8 Graine : produit de la reproduction sexuée de l'ail résultant de la pollinisation de ses fleurs.

tion débridée*. Nous disons que nous cultivons de « véritables graines d'ail* »[9] pour les distinguer des clones que représentent à la fois les caïeux[10] et les bulbilles[11].

L'ombelle[12] de l'ail renferme à la fois des bulbilles et
des pédoncules[13] au sommet
desquels se trouvent les fu-
tures graines d'ail. Les bulbilles ont tendance à pousser
serrées les unes contre les
autres et écraser les pédoncules*. Pour prévenir ce problème, je retire les bulbilles
juste après l'éclosion des fleurs.
Une opération facile sur certaines variétés, pas sur
d'autres. Je sélectionne donc
les bulbilles qui tombent aisément quand on secoue la

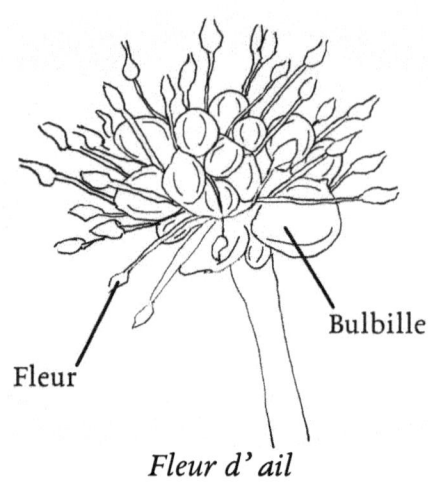

Fleur

Bulbille

Fleur d'ail

plante. Certaines plantes arrivent à produire des graines sans nécessiter le retrait préalable des bulbilles.

Les variétés striées de rayures pourpres s'avèrent les plus utiles pour ce projet car elles présentent les liens les plus étroits avec l'ail ancestral.

La méthode culturale la plus fiable consiste à planter les graines d'ail à l'automne. Cependant, certaines graines arrivent à germer sans nécessiter de période de froid préalable[14]. Je privilégie donc ces

---

9   Véritable graine d'ail* : (en anglais, True Garlic Seed (abrévié TGS)). A ce jour, nous ne connaissons aucun vendeur·se ni sélectionneur·se travaillant sur de « véritables graines d'ail » dans le monde francophone. Voir l'an-nexe pour une source aux États-Unis.

10 Caïeux : clones d'ail parfois appelés dans les catalogues « semence d'ail » ou « ail de semence ».

11 Bulbilles : bulbes miniatures formés sur l'ombelle (la fleur) de l'ail et constituant, comme les caïeux, un clone du bulbe d'ail.

12 Ombelle de l'ail : communément appelé « fleur d'ail », elle se compose d'une multitude de petites fleurs blanches ou parfois rosées regroupées en une structure ressemblant à un parapluie.

13 Pédoncule* : tige qui soutient chacune des multitudes de petites fleurs au sein de l'ombelle.

14 En termes techniques, « sans vernalisation ».

variétés car elles me permettent de cultiver de l'ail en tant qu'annuelle semée au printemps, à l'instar des oignons.

La germination des graines d'ail de première génération peut s'avérer de l'ordre de 5%. En cultivant des graines de génération en génération, nous sélectionnons des populations qui présentent une capacité accrue à produire des graines.

Arbres

Le clonage des arbres se pratique couramment. Il a l'avantage de permettre la fixation de caractères d'intérêt et l'apposition de labels ou de marques. Cependant, du point de vue de la sécurité alimentaire, cette approche comporte des risques. Elle peut entraîner des défaillances généralisées de culture si un agent pathogène/prédateur réussit à surmonter les mécanismes de défense uniformément mis en place. Le café Arabica et la banane Cavendish représentent deux cultures d'arbres répandues à l'échelle mondiale et actuellement menacées de défaillance systémique* imminente. Elles illustrent les dangers potentiels d'un système alimentaire reposant sur le clonage.

Pour assurer une sécurité alimentaire optimale, je préconise donc de cultiver les arbres fruitiers et les arbres à noix à partir de graines. Cette approche favorise une adaptation locale et confère une résistance aux ravageurs et maladies. Je consacre une section ultérieure de cet ouvrage aux arbres cultivés à partir de graines.

Étalement de la saison de culture

Cultiver une diversité d'espèces permet d'obtenir des récoltes sur les différentes périodes de l'année. Produire toute l'année renforce la sécurité alimentaire.

La diversité des cultures offre également des options de stockage variées. Les courges par exemple, se conservent aisément au sec, sur une étagère, à température ambiante. Les légumes-racines préfèrent en revanche un environnement frais, humide et sombre. Les légumes verts de printemps, quant à eux, révèlent leur pleine saveur dégustés immédiatement après leur cueillette.

L'une de mes voisines sème des épinards à la mi-août. Ces jeunes plants survivent tout l'hiver. Au printemps, elle les déguste bien avant que quiconque n'ait même encore songé à semer des graines !

Champignons

Les champignons peuvent très bien contribuer à la variété des cultures et à la diversité au sein d'une exploitation agricole. Ils produisent généralement pendant les périodes de fortes pluies. Quand la boue empêche de travailler dans le jardin, on peut aller faire une cueillette de champignons !

Je ne cultive les champignons qu'en extérieur. Je ne veux pas avoir à tout stériliser pour les faire pousser en intérieur, dans des conditions artificielles. J'ai travaillé des décennies en qualité de chimiste. Le concept de stérilisation me déplaît tant émotionnellement que philosophiquement. Je n'aime pas non plus la charge de travail qu'elle implique.

Ma méthode de culture se résume ainsi : je commence par mélanger des morceaux de champignons, mis de côté, avec l'eau que j'ai utilisée pour les laver. Je répands ensuite cette mixture dans des habitats propices à la culture de champignons.

Une fois implantés dans un milieu qui leur convient, les champignons se débrouillent tout seuls. Pour savoir à quel moment les récolter, il suffit d'aller y jeter un œil pendant, ou immédiatement après, les périodes d'humidité.

Je consacre une section ultérieure à la culture des champignons.

Légumes verts au début du printemps

Je cultive du chervis[15], une plante vivace* qui marque le début de ma récolte de légumes verts au printemps. Je n'aime pas particulièrement son goût pendant les saisons estivales et automnales, mais, après un hiver privé de légumes verts, j'ai hâte de manger des feuilles de chervis ! En ce qui concerne les pissenlits, je ne les considère comestibles que récoltés à l'ombre avant l'arrivée des premières chaleurs.

Je commence à manger mes oignons égyptiens deux semaines après la fonte des neiges. Cela me met du baume au cœur dès le début du printemps. Ils produisent des oignons verts pendant toute la saison.

Le chou frisé[16], le chou et les choux de Bruxelles peuvent passer l'hiver en terre. Les légumes verts du début du printemps offrent les saveurs les plus sucrées de l'année.

---

15 Sium sisarum
16 Brassica oleracea var. acephala

Légumes-racines

Je cultive des topinambours, des carottes et des navets qui survivent en terre pendant tout l'hiver. J'aime savoir que je pourrais les récolter chaque fois que le sol dégèlera suffisamment pour que je puisse les déterrer. Il m'arrive parfois de les couvrir de paille en automne pour minimiser le gel.

Carottes ayant passé l'hiver en terre

Les cultures qui se conservent le mieux dans des conditions sombres et humides conviennent parfaitement aux caveaux à légumes[17]. Mon grand-père se contentait de mettre quelques seaux de pommes de terre au fond d'un trou, dans le jardin, recouvert d'une planche et de paille.

Graines

La conservation des semences génère beaucoup plus de graines que nécessaire pour la plantation. De nombreux types de graines peuvent se consommer telles qu'elles, ou ajoutées au pain, aux plats ou à la soupe. Les moulins à épices peuvent transformer ces graines en farine. Les graines de moutarde fraîchement moulues constituent un excellent condiment.

Diversité en terme de nombre d'espèces[18]

En plus de préserver la biodiversité au niveau de chacune des espèces[19], nous pouvons également enrichir nos jardins de multiples espèces* pour assurer une meilleure sécurité alimentaire. Par exemple, plutôt que de me limiter aux seuls haricots mange-tout

---

17 Caveau à légumes : (également appelés « caves à légumes ») espace de stockage souterrain spécialement conçu pour conserver les légumes frais sur une longue période.

18 Également appelée « diversité interspécifique* ».

19 Également appelée « diversité intraspécifique* »: diversité au niveau de la même espèce. Par exemple, la présence de différentes variétés de carottes dans un potager représente une diversité intraspécifique.

ou à écosser, je diversifie mes cultures avec des fèves et féveroles[20], des petits-pois, des pois d'hiver[21], des haricots d'Espagne[22], des lupins[23], des téparis[24], des haricots niébés[25], des pois chiches, des haricots lima[26], des lentilles, du fenugrec, de la luzerne et des gesses[27]. Je doute qu'une maladie, un parasite, une adventice, un insecte ou un modèle météorologique puisse anéantir l'ensemble de ces espèces simultanément.

Certaines légumineuses*[28] apprécient les périodes chaudes et humides. D'autres s'épanouissent dans des conditions chaudes et sèches. Certaines tolèrent le gel ou survivent à l'hiver. Vu la variété de leurs préférences, il y en aura toujours au moins une capable de produire une récolte, indépendamment des conditions météorologiques de l'année.

En termes de goût, je préfère certaines de ces espèces à d'autres mais, si je me trouvais en situation de survie, je les consommerai et les apprécierai toutes. Prenez, par exemple, la courge à feuilles de figuier[29], une variété qui possède une chair blanche et des graines disposées comme celles d'une pastèque. Son goût peut paraître relativement fade mais elle semble pouvoir parfaitement résister aux attaques de punaises de la courges et aux maladies en général. De plus, on peut consommer ses grosses graines.

Cueillette

On peut semer des céréales, des champignons, des arbres et des herbes médicinales dans les zones naturelles et les récolter en fonction des besoins. Nombre d'espèces sauvages peuvent également se consommer en tant qu'aliment. Pour les incorporer à notre alimentation, il suffit d'apprendre à identifier celles qui poussent près de chez nous et repérer les périodes de l'année propices à leurs

---

20 Vicia faba ssp. major, Vicia faba ssp. equina et Vicia faba ssp. minor
21 Pisum sativum
22 Phaseolus coccineus
23 Lupinus spp.
24 Phaseolus acutifolius
25 Vigna unguiculata. Également appelée «Niébé » au Sénégal et «Katché » ou «Toura » au Bénin.
26 Phaseolus lunatus
27 Lathyrus sativus
28 Également appelées « légumes secs ».
29 Cucurbita ficifolia également appelée « courge de Siam », « chilacayote », « courge à graines noires » ou « melon de Malabar ».

récoltes. J'aime inventer des moyens mnémotechniques pour me donner des repères temporels :

- Aller aux morilles lorsque l'herbe mesure 15 cm de haut.
- Aller au verger d'abricots le jour de l'anniversaire d'Arnaud.
- Deux semaines après la fonte des neiges, aller récolter des oignons.
- S'il pleut depuis deux jours, aller vérifier les pleurotes.

Les adventices* jouent un rôle essentiel dans la sécurité alimentaire. Leur adaptation à notre environnement local surpasse, de loin, tout ce que l'on peut importer. Je mange plus de chénopodes sauvages[30] que de laitues et plus de pleurotes ramassées dans les zones naturelles que de champignons de Paris achetés en magasin.

La diversité comme source de souveraineté alimentaire

---

30 Chenopodium album

Seed Swap
Ogden Seed Exchange

Saturday
Feb 9th, 2019
10:00 AM - NOON

Ogden Preparatory Academy
1415 Lincoln Ave. - Ogden

NOTE- Begining this year only locally grown and saved seeds will be welcome at this event.
You do not have to bring your own seeds to participate and remember to bring envelopes or baggies for your trade or purchase.

For questions Email us : ogdenseedexchange@gmail.com
visit Ogden seed exchange on Facebook

Supported By:

EXTENSION
UtahState University.

School GARDEN

GRAND PRISMATIC SEED

ROCKY MOUNTAIN SEED ALLIANCE

Joseph Lofthouse
Landrace Seedsman

Delectation of Tomatoes, etc.
www.delectationoftomatoes.com

GROUNDS FOR COFFEE
"A Legal Brew"

Chapitre 9 : Maintien de la diversité des semences paysannes métissées

Les populations métissées* s'entretiennent plus aisément au niveau collectif qu'au niveau individuel. Ces cultures atteignent leur pic de performance et de vigueur quand leur usage devient généralisé au sein d'une localité ou même d'une région.

J'échange fréquemment des graines avec mes voisin·e·s. Cette pratique me permet de bénéficier de l'adaptation de leurs semences à notre vallée. Je connais les méthodes de culture de certain·e·s mieux que d'autres. Je sème en grande quantité les semences des collaborateur·trice·s de longue date en qui j'ai une entière confiance. Pour ceux·celles dont je ne sais rien, je traite leurs semences avec prudence. Je les sème en quantité limitée ou je les isole partiellement.

Je partage et acquiert des semences adaptées à mon terroir principalement à l'Ogden Seed Exchange, une maison de semences, dans l'Utah. Cette organisation a instauré une politique restreignant les trocs aux seules graines cultivées localement.

Je considère qu'il fait partie de mon devoir de paysan de maintenir des populations métissées saines et prospères des cultures préférées des personnes que je nourris. Pour moi, cela signifie :

- Échanger des semences avec mes voisin·e·s
- Ajouter occasionnellement du nouveau matériel génétique
- Ressemer chaque année des graines sauvegardées des années précédentes
- Cultiver des populations aux effectifs suffisamment nombreux pour maintenir la diversité
- Sélectionner en faveur de la diversité
- Donner la priorité aux hybrides spontanés*

Ajouter du nouveau matériel génétique

De temps à autre, j'introduis dans mes populations métissées de nouvelles variétés, en petites quantités. Je les qualifie de « variétés venues d'ailleurs », car elles proviennent de régions différentes de la mienne. Il se peut qu'elles puissent apporter du nouveau matériel génétique répondant parfaitement aux besoins de mon jardin. Si elles s'épanouissent, je peux en sauvegarder des graines. Si elles s'adaptent mal, elles fournissent, le cas échéant, du pollen. Chaque année, je sème jusqu'à 10 % de ce type de graines, sans craindre que cela affecte mes populations métissées de manière significative.

L'apport constant de nouveau matériel génétique permet d'introduire des gènes qui peuvent s'avérer utiles. Il minimise aussi la dépression consanguine* et permet de contourner les tailles minimales de population* typiquement recommandées.

Conserver l'ancien matériel génétique

Tous les ans, j'incorpore dans les semences que je sème des graines issues de mes récoltes des années précédentes. J'essaye ainsi d'éviter une altération radicale de l'équilibre génétique de la population due à une seule saison de croissance inhabituelle. Cette pratique contribue à préserver des plantes capables de s'épanouir lors des saisons de croissance plus chaudes, plus fraîches, plus humides ou plus sèches que d'habitude. Environ 10 à 30 % de mes cultures proviennent de ce type de graines.

Privilégier les populations aux effectifs plus nombreux

La meilleure pratique pour la sauvegarde des semences et la sélection des plantes consiste à maintenir des populations aussi larges que possible pour éviter la dépression consanguine*. Je ne souhaite pas préciser de tailles spécifiques. Je recommande simplement d'éviter de ressemer une seule graine de génération en génération.

Dans le passé, le partage des semences au sein des villages permettait de préserver ces effectifs. La taille de chaque population correspondait à l'ensemble des plantes cultivées dans l'ensemble des jardins du village.

Aujourd'hui, semer des graines issues de plusieurs saisons antérieures peut également permettre d'accroître la taille globale d'une telle population. De même, combiner les graines provenant des petits jardins avec celles issues de plus grandes fermes augmente également cette population totale.

La taille des populations me préoccupe peu pour les cultures naturellement diversifiées. Le problème se pose principalement pour celles souffrant déjà de consanguinité. La perte de vigueur passe presque inaperçue chez les espèces principalement autogames* car leurs pairs, avec lesquels nous les comparons, souffrent déjà de dépression consanguine.

J'adore cultiver des haricots hybrides. Pendant quelques générations, ils surpassent tous les autres dans le jardin par leur vigueur et leur résistance. Par la suite, ils retournent à leur consanguinité d'origine et leur vitalité diminue.

Les ouvrages traitant de la sauvegarde des graines abondent en directives concernant la taille minimale des populations nécessaire pour prévenir la dépression de consanguinité. Je considère que ces recommandations concernent principalement les cultures reproduites de manière consanguine sur une période de 8 à 50 générations. L'immense diversité caractérisant les populations paysannes métissées réduit considérablement ce risque.

Les jardinier·ère·s et paysan·ne·s disposant d'un espace limité peuvent cultiver des semences vigoureuses, dans un espace restreint, en suivant les directives de ce chapitre.

Pour maintenir dans un petit espace des effectifs élevés au sein des populations, j'ai notamment recours à la technique de la densification des cultures. Je plante par exemple 10 à 25 plants de tomates ensemble, en un seul poquet ou bien j'espace les tomates à 15 cm les unes des autres, dans une même rangée.

Sélectionner en faveur de la diversité

Sélectionner en faveur de la diversité signifie sauvegarder les semences des plantes représentant une variété de tailles, de formes, de couleurs, de textures, de saveurs et de dates de maturité.

Je sauvegarde plus de graines parmi les plantes exhibant une croissance exceptionnelle que parmi celles qui peinent à survivre. Je privilégie davantage les graines des plantes les plus savoureuses que celles des fruits et légumes aux goûts plus fades. Toute plante comestible reste cependant une candidate potentielle à la sauvegarde de semences.

Ce type de sélection permet à la population de s'adapter au terroir, tout en préservant sa diversité génétique. Cette dernière permet aux semences de faire face aux changements climatiques, aux insectes, aux différents sols et pratiques agricoles de chaque paysan·ne ou jardinier·ère.

Privilégier le métissage

Lorsque je repère, dans mes cultures, un hybride naturel* au sein d'une espèce qui tend généralement à s'autopolliniser, je prends soin de conserver ses graines séparément. L'année suivante, je leur réserve une place de choix dans mon jardin. Je traite ces rares hybrides comme de véritables trésors tant leur vigueur les distingue des autres plantes. Ils détiennent un matériel génétique unique qui peut, potentiellement, leur assurer chez moi un développement remarquable.

En conservant les graines des plantes nées d'un croisement spontané, je favorise une descendance plus encline au croisement. Il se peut, en effet, que la forme légèrement plus ouverte, le parfum ou la couleur de leurs fleurs aient attiré les pollinisateurs. Comme les descendants ressemblent à leurs parents et grands-parents, en privilégiant la plantation de graines issues de croisements naturels, on favorise un taux de croisement plus élevé au sein de la population.

Résumé

Les méthodes décrites dans ce chapitre permettent de préserver la richesse du patrimoine génétique des semences paysannes métissées, contribuant ainsi à prévenir la dépression de consanguinité au sein de leurs cultures. La taille de la population* d'une telle culture, gérée de cette manière, englobe l'ensemble des plantes cultivées successivement, dans les différents jardins, au fil des années. Ce protocole garantit la préservation des populations métissées existantes tout en leur offrant la possibilité de continuer à s'adapter de manière constante aux conditions locales changeantes.

Les semences présentant une diversité génétique ont plus de chances de survivre aux aléas du futur. L'introduction occasionnelle de nouveau matériel génétique renforce cette diversité. Sélectionner les semences à préserver pour leur diversité et replanter les graines issues des saisons précédentes favorise l'adaptation locale et une taille de population plus importante. La conservation des semences issues de croisements encourage également l'adaptabilité de la population aux conditions changeantes. Travailler collectivement contribue à atténuer les points faibles de chacun·e et permet de mieux faire face aux crises éventuelles.

Maintenir la diversité des semences paysannes métissées grâce aux trocs de graines

Des membres de Going to Seed lors d'un troc de graines locales

Chapitre 10 : Ravageurs et maladies

Dans mon jardin, j'accueille à bras ouverts ravageurs et maladies. Iels apprennent à mes plantes à devenir vigoureuses et résilientes. J'offre l'hospitalité à une multitude d'espèces de végétaux, d'animaux, de champignons et de micro-organismes. Ils m'apportent tous une grande joie.

Je n'essaie ni de tuer les insectes ni d'éradiquer les maladies. Il se pourrait même que j'encourage leur survie. Je ne pulvérise aucun produit phytosanitaire toxique ou naturel. En essayant d'éliminer un type spécifique de ravageur ou de microbe, je pourrais nuire involontairement à tous les autres, y compris à ceux qui offrent des avantages symbiotiques* essentiels à mes plantes. Je cherche plutôt à ce que mes plantes s'adaptent parfaitement à leur environnement. Elles se développent ou périssent sans que je juge nécessaire d'intervenir. Je ne prête que rarement attention aux ravageurs et maladies. Tant que je récolte des produits savoureux, je ne m'encombre pas de détails inutiles.

Cette approche m'économise du temps et de l'argent, tout en réduisant mon niveau de stress. J'y gagne à court terme ainsi qu'au niveau financier en éliminant les coûts associés aux intrants et à la main d'œuvre nécessaire pour leurs applications. Mais cette approche offre également des avantages insoupçonnés à plus long terme : en permettant à mes plantes de coexister avec les adventices*, les insectes, les maladies et les microbes, elles opèrent leur propre sélection en faveur de celles capables de s'épanouir en leur présence.

Retour à la résistance

Je recommande vivement le livre de Raoul A. Robinson[1] intitulé[2] *Retour à la résistance : sélectionner les cultures pour réduire leur dépendance aux pesticides*. J'ai retenu de cet ouvrage l'idée préconisant de cultiver des récoltes en priorité dans des zones infestées de maladies et de ravageurs. Bien que cela puisse sembler paradoxal, cet auteur recommande, la première année, d'éliminer les plantes qui prospèrent le mieux et de ne conserver et ressemer uni-

---

[1] Voir l'annexe pour un lien permettant d'accéder à de plus amples détails sur cet auteur et ses publications.

[2] Voir l'annexe pour un lien permettant d'accéder gratuitement à ce texte, en anglais, sous le titre *Return to Resistance: Breeding Crops to Reduce Pesticide Dependence*.

quement que les graines de celles particulièrement sensibles aux ravageurs ou maladies. Les années suivantes, on cultive les survivantes et on sélectionne celles qui s'en sortent le mieux pour en conserver les semences.

L'approche de Raoul consiste à privilégier la résistance horizontale, c'est-à-dire la sélection de plantes abritant une multitude de gènes contribuant à leur résistance. Chaque gène ayant un effet limité sur la santé globale de la plante, si un ravageur ou une maladie déjouent les défenses d'un gène spécifique, la plante en possède de nombreux autres capables de contribuer à sa résistance globale.

Lorsque la résistance d'une plante repose, en revanche, essentiellement sur un seul gène, on la qualifie de résistance verticale. Si les plantes dépendent de ce type de résistance pour leur survie, elles peuvent faire l'objet de soudaines défaillances systémiques*. Ceci explique pourquoi Raoul recommande d'éliminer les plantes capables de prospérer lors de la première saison, au cas où leur résistance ne reposerait que sur un seul gène.

Les catalogues de semences listent fréquemment les gènes de résistance que les plantes possèdent tels que les gènes VFNTA[3] (Verticilliose, Fusariose, Nématode des racines, virus de la mosaïque du Tabac, Alternariose), notamment en ce qui concerne les tomates. Les gens ont tendance à imaginer que plus une plante dispose de tels gènes, plus sa résistance augmente.

Après avoir lu le travail de Raoul et observé les plantes de mon propre jardin, j'ai abouti à une conclusion différente.

Les plantes dépendantes d'un gène unique pour leur résistance peuvent échouer et entraîner avec elles la défaillance du système tout entier. Dans le projet de Délicieuses Tomates Magnifiquement Débridées*[4], nous avons délibérément choisi de commencer avec d'anciennes variétés qui ne semblaient pas posséder de gènes de résistance connus. Se reproduisant uniquement par pollinisation croisée*, ces tomates ont pu réorganiser rapidement leur matériel génétique et utiliser de multiples gènes, aux effets individuels limités, pour devenir hautement résistantes.

---

3   Chaque lettre représente une résistance spécifique à différentes maladies ou ravageurs : V pour indiquer un gène de résistance à la verticilliose, F pour un gène de résistance à la fusariose, N pour un gène de résistance au nématode des racines, T pour une gène de résistance au virus de la mosaïque du tabac et A pour un gène de résistance à l'alternariose.

4   Voir chapitre 12 pour de plus amples détails sur ce projet et sa réalisation.

Doryphore de la pomme de terre

Bien que présents dans mon jardin, les doryphores n'attaquent pas mes nombreux plants de pommes de terre. Comme ces insectes vivent chez moi à l'année, j'ai pu signer avec eux un contrat à long terme visant à influencer leur matériel génétique aussi bien que leur comportement.

Mon arrangement peut se résumer globalement de la manière suivante :
- Je m'engage à ne pas appliquer dans le jardin de produits phytosanitaires, de quelque nature que ce soit, et à laisser en paix les doryphores respectant le contrat
- Je m'engage à laisser la vie sauve à tous ceux·celles qui se nourrissent uniquement d'adventices. Les doryphores ont, par exemple, l'autorisation de manger les morelles à feuilles de coqueret[5] qui poussent comme du chiendent dans mon jardin.
- Je m'engage à laisser une partie de mon jardin aux adventices

En échange de quoi :
- J'ai l'autorisation d'écraser immédiatement tout doryphore trouvé sur un légume
- J'ai également l'autorisation d'éliminer toute plante cultivée qui attire régulièrement les doryphores

En somme, l'accord se résume à peu de chose : les doryphores acceptent de ne pas toucher à mes légumes et de se nourrir uniquement d'adventices. Cette approche ne peut s'appliquer qu'aux insectes résidant à l'année, non à ceux qui vont et viennent avec les saisons, transportés par le vent.

Chez les doryphores, les femelles ont tendance à pondre leurs œufs sur la même espèce de plantes que celle sur laquelle elles ont éclos. Les jeunes doryphores grandissent reproduisant ce qu'ils ont appris de leur mère. Il se peut qu'il y ait une composante génétique venant renforcer le succès de l'accord que j'ai avec eux : mes doryphores finissent même par préférer manger les adventices comme les morelles à feuilles de coqueret ! Ceux qui mangent mes légumes se reproduisent également moins, du fait de la plus grande probabilité qu'ils ont de se faire écraser.

---

5   Solanum nitidibaccatum

De temps à autre, un plant spécifique de tomates ou de pommes de terre se trouve régulièrement infesté de doryphores. Dans ce cas, je prends des mesures pour éliminer à la fois les doryphores et la plante concernée. Je cherche ainsi à m'abstenir de cultiver tout légume émettant des odeurs ou possédant des textures qui désorientent les doryphores, et risquerait d'obscurcir les termes de l'accord que j'ai avec eux. Je veux éviter en particulier d'élever une génération de doryphores attirée par les plantes cultivées. Je procède donc à une sélection des doryphores, comme des légumes, pour favoriser une coexistence harmonieuse entre les deux.

Oiseaux et mammifères

La première année où j'ai cultivé le maïs doux Astronomy Domine, ma récolte présentait une grande variété de phénotypes*. Certaines plantes, par exemple, ne dépassaient pas 1 mètre de haut, plaçant les épis à hauteur idéale pour les faisans. Je n'ai donc conservé que les graines des plantes les plus hautes. A la suite de quoi, les faisans ont cessé de poser problème.

Après quelques années, une autre population de maïs a fait l'objet d'attaques de ratons laveurs et de mouffettes. Je les ai laissés prendre tout ce qu'iels voulaient mais je n'ai sauvegardé que les graines des épis épargnés. Au fil des années, les tiges, devenues plus solides, ont permis aux épis de pousser plus haut sur la plante. Les mammifères ont cessé leur prédation.

Les plantes ont donc fini par résoudre d'elles-mêmes les défis posés par les oiseaux et mammifères. J'ai réfléchi à la façon dont ma méthode de sauvegarde des graines avait pu y contribuer. Quand une plante, couchée au sol, avait la moitié supérieure de ces grains mangée par les animaux, je n'en avais pas sauvé les semences. J'avais préservé uniquement les grains des épis provenant de plantes hautes et vigoureuses que les animaux n'avaient pas réussi à atteindre.

Cette sélection anti-prédateurs a également eu un effet secondaire inattendu. Les épis ayant migré bien plus haut sur la plante qu'auparavant, ils m'arrivent désormais à hauteur de poitrine. Je n'ai plus à me pencher pour les récolter. Cela me facilite la vie !

Feuilles ou fruits velus

Comme les feuilles ou les fruits velus peuvent décourager la prédation par les insectes ou les mammifères, j'explore cette caractéristique au niveau de diverses espèces végétales*. En réduisant les piqûres d'insectes, le duvet semble également limiter l'entrée de microbes et de virus au sein de la plante. Il se pourrait enfin qu'il contribue à atténuer les effets des coups de soleil sur les fruits, notamment dans des environnements désertiques ou en haute altitude.

Les fruits velus pourraient exiger l'usage de gants pour leur récolte. J'adopte déjà cette pratique pour les gombos[6]. Cela ne me dérangerait pas de l'étendre à d'autres cultures.

Si je parviens à développer des tomates velues, on pourrait les réserver à la fabrication de conserves. Personnellement, je n'apprécie pas la sensation duveteux sur la langue mais, si je crée par exemple des courges d'hiver velues, cela ne me poserait aucun problème puisque je ne mange généralement pas leur peau.

Pourriture apicale

Je lis de fréquents témoignages de jardinier·ère·s et paysan·ne·s qui se battent contre la pourriture apicale et se reprochent la mauvaise qualité de leur terre ou leur arrosage trop irrégulier. Iels mettent en place des protocoles de fertilisation élaborés et recourent à toutes sortes d'amendements pour essayer d'empêcher leurs fruits de pourrir.

La pourriture apicale n'affecte ni mes tomates ni mes courges car je ne la tolère tout simplement pas dans mon jardin. Dès que j'en détecte la moindre trace sur un fruit, j'élimine l'intégralité de la plante concernée. Je ne fais aucune exception.

Selon moi, la pourriture apicale ne découle ni d'un sol inadapté, ni d'un problème d'arrosage, ni d'un manque de soin de la part du·de la jardinier·ère ou du·de la paysan·ne. Il s'agit tout simplement d'une prédisposition génétique de la plante. Je sélectionne donc des plantes qui n'ont pas une telle prédisposition.

En conservant les graines de plantes présentant des signes de pourriture apicale, vous choisissez de perpétuer ce trait. Il pourrait s'avérer de votre propre intérêt et de celui des générations à venir, d'envisager de cesser la culture et la conservation des graines de va-

---

6   Également appelés « okra » (Abelmoschus esculentus).

riétés sensibles à la pourriture apicale. Nous n'avons pas nécessairement à préserver d'anciennes variétés de tomates dotées de caractères inadaptés.

Papillons de nuit comme de jour

Dans mon jardin et au sein de mes cultures, j'accueille la vie sous toutes ses formes. Je trouve, par exemple, que les mites et les

Le sphinx colibri

papillons apportent une touche de gaieté. Je me réjouis de pouvoir répondre à leurs besoins. J'entend certain·e·s critiquer les chenilles du sphinx de la tomate[7] qui mangent leurs feuilles de tomate : « Elles deviennent énormes et mangent tout ! ». Je lis que certain·e·s livrent bataille contre ces chenilles pour quelques tomates de plus. Pour ma part, je partage avec plaisir

mes tomates avec eux. Mes cultures débordent de fruits, offrant bien assez de nourriture pour tout le monde. Les chenilles se métamorphosent en sphinx colibris[8], qui occupent une place de choix dans mon cœur. Ces créatures me rappellent les moments paisibles passés près des parterres de fleurs de ma grand-mère. À leur vue, mon cœur saute de joie.

De temps à autre, les chenilles abritent des guêpes parasitoïdes qui contribuent à l'équilibre de mon écosystème et régulent la population des insectes. J'aménage des sites de nidification pour attirer ces guêpes. Les sphinx colibris possèdent des langues exceptionnellement longues qui leur permettent de polliniser des cultures hors de portée d'autres pollinisateurs. En laissant les sphinx de la tomate coexister en harmonie avec mon jardin, je favorise la santé globale de mon écosystème local.

De la même manière, j'accueille également dans mon jardin les papillons blancs et leurs chenilles. Comme je préserve l'équilibre de mon écosystème, leur population reste modérée. J'opte pour la culture de choux rouges et de choux frisés[9] sur lesquels les préda-

---

7   Manduca quinquemaculata
8   Hyles lineata
9   Brassica oleracea var. sabellica

teurs repèrent plus facilement les chenilles vertes, contribuant ainsi à la régulation naturelle de leurs effectifs.

Dans mon écosystème, les papillons blancs font leur apparition pendant les pluies de mousson estivales. Les cultures de brassicacées semées à l'automne qui passent l'hiver en terre, comme le chou frisé rustique et les choux de Bruxelles, se récoltent avant l'arrivée de ces papillons. De même, certaines variétés* de brassicacées semées au printemps se récoltent à temps pour éviter le gros de la saison des papillons blancs. D'autres espèces* de brassicacées ne semblent simplement pas les attirer.

Je laisse pousser les plantes à papillon[10] dans mes champs. Elles servent de source de nourriture à environ une centaine de papillons monarques chaque été. Si l'une d'elles vient à pousser au milieu d'un rang, je lui laisse suffisamment d'espace pour qu'elle puisse pleinement s'épanouir, sacrifiant même les légumes qui l'entourent.

Micro-organismes

Je traite avec la même révérence le microbiome[11] qui peuple mon corps et celui qui vit au sein de ma ferme. J'évite d'ingérer ou d'introduire dans mes champs des substances susceptibles de lui nuire. Chaque espèce joue un rôle essentiel dans la symphonie de la vie. Quelle erreur je commettrais en éradiquant une fraction du microbiome par ignorance !

Plus je jardine, plus je réalise l'importance de doter les espèces d'un échantillon représentatif du sol dans lequel elles ont poussé pour leur transférer un écosystème aussi intact que possible. Comme mes plantes se développent en harmonie et en synergie avec le microbiome de ma ferme et de mon corps, en plaçant les graines quelques secondes dans ma bouche, juste avant de les semer, je réintègre une partie de ce microbiome dans le sol.

---

10 Asclepias speciosa : (également appelée « spécieuse asclépiade ») Il s'agit d'une plante vivace* aux couleurs vives originaire d'Amérique du Nord dont dépendent certains papillons pour leur subsistance.

11 Microbiome : ensemble des micro-organismes (bactéries, virus, champignons, etc.) qui vivent dans un environnement spécifique, comme le corps humain, un animal, ou même un écosystème comme une ferme.

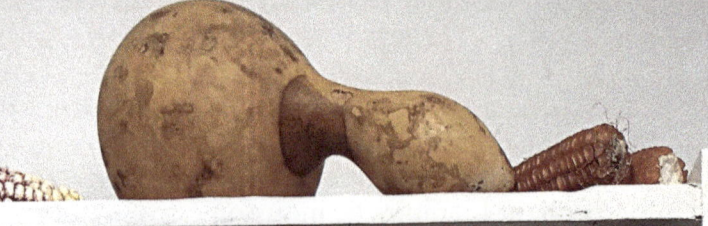

Chapitre II : Sauvegarde des semences

La conservation de ses propres semences constitue un pilier de la culture des populations paysannes métissées*. En plantant des graines offrant une vaste diversité génétique, en les laissant se croiser naturellement puis en sauvegardant et ressemant celles ainsi obtenues, nous adaptons nos jardins à nos propres pratiques agricoles et à nos conditions spécifiques.

Contrairement aux dires de certain·e·s auteur·trice·s, il ne s'agit pas nécessairement d'un processus techniquement complexe, nécessitant un gros investissement en termes de temps. Bien avant l'apparition de l'écriture, des peuples analphabètes ont réussi à sauvegarder et ressemer leurs propres semences. Ils ont développé la plupart des cultures alimentaires que nous consommons encore aujourd'hui. Les semences font preuve d'une remarquable résilience et les méthodes que nous employons pour les préserver importent peu. Nul besoin, par exemple, de les nettoyer aussi méticuleusement que le feraient des machines industrielles. Une fois semées, les graines ne demandent qu'à germer. L'essentiel, pour cultiver des populations métissées, consiste à préserver et multiplier des semences génétiquement diversifiées et spécifiquement adaptées à notre environnement.

Pour préserver ses semences, il suffit de comprendre que les plantes produisent des graines qui, une fois semées, engendrent de nouvelles plantes. Il faut également garder en tête que les descendants ressemblent à leurs parents et grands-parents, même si, parfois, un caractère donné peut sauter une génération. Il se peut qu'on ne sache pas l'identité du père. On pourra, en revanche, savoir celle de la mère. Les membres d'une même fratrie ont souvent des caractères similaires, même s'ils ne partagent qu'un seul parent en commun.

Comme je jardine avec des populations métissées, je ne m'inquiète pas beaucoup de la pureté des variétés*. Un haricot sec pour la soupe reste un haricot sec pour la soupe, peu importe sa couleur, sa taille ou son espèce*.

Certain·e·s prétendent que les jardinier·ère·s amateurs·trices ne devraient pas conserver leurs propres graines, car ces dernières pourraient donner naissance à des plantes non conformes à leur variété* d'origine. Personnellement, je ne vois pas de meilleure raison de sauvegarder ses propres graines ! Je ne cherche pas à obtenir des clones de la plante mère. Je veux cultiver une famille génétiquement diversifiée, qui se reproduit par pollinisation croisée*, afin que ses descendants puissent s'adapter à mon jardin. La préservation de semences paysannes métissées* évite les problèmes d'isolement auxquels font face ceux·celles qui tentent de maintenir la pureté de cultivars* hautement consanguins. Je ne souhaite pas isoler mes variétés*, je cherche au contraire à ce que mes plantes se croisent entre elles !

En tant qu'êtres sociaux, nous nous épanouissons en partageant et en coopérant les un·e·s avec les autres. Je n'ai pas nécessairement besoin de cultiver toutes les graines dont j'ai besoin car j'ai établi un réseau de collaboration avec d'autres paysan·ne·s locaux·les. Nous échangeons des semences entre nous. J'adore ce réseau, car même si les semences ne correspondent pas exactement aux spécificités propres de mon jardin, elles demeurent tout de même parfaitement adaptées à ma vallée. Si, au sein de mon réseau local, certaines semences métissées manquent de diversité génétique, je peux y pallier en recourant à d'autres échanges avec mes partenaires plus éloigné·e·s.

Récolte des semences

Il existe deux méthodes principales pour récolter les semences : la première concerne les graines enveloppées dans une cosse[1] sèche, tandis que la deuxième s'applique à celles entourées d'une gelée protectrice[2].

Récolte des semences enveloppées dans une cosse sèche

La méthode habituelle de récolte de ce type de graines consiste à écraser la plante (une étape appelée le battage*[3]) puis à séparer les graines du reste des débris végétaux par tamisage[4] et/ou vannage*[5]. Plus les plantes ont eu le temps de bien sécher, plus ce processus devient facile.

---

1 Cosse : enveloppe ou membrane externe qui entoure les graines de certaines plantes comme par exemple les haricots.

2 Gelée protectrice : substance gélatineuse qui entoure les graines à l'intérieur de certains fruits comme les tomates et concombres par exemple. Elle peut contenir des substances qui inhibent leur germination prématurée.

3 Battage* : opération qui vise à séparer les graines du reste de la plante comme leurs tiges, épis ou cosses. Traditionnellement effectuée à la main en marchant ou sautant sur les plantes sèches ou en les frappant contre une surface dure avec ou sans outils comme des bâtons ou des fléaux.

4 Tamisage : méthode de séparation des graines des débris et impuretés à l'aide d'un tamis.

Si les graines commencent à se détacher avant que la plante n'ait fini de sécher, je récolte les plantes et les entrepose sur une bâche, à l'abri de la pluie et de la rosée. Une fois leur séchage terminé, je procède au battage* et au vannage*.

Les graines enveloppées d'une cosse sèche peuvent tolérer une courte averse. Cependant,

Récolte de graines entourées de cosses sèches à Xa Kako Dile en Californie (http://xakakodile.org)

lorsque la météo prévoit des semaines de précipitations, il vaut mieux les récolter avant l'arrivée du mauvais temps et les conserver dans un endroit sec et bien ventilé jusqu'à l'étape de battage. L'humidité et la moisissure peuvent, en effet, avoir des conséquences néfastes sur ce type de graines.

Certaines graines, comme les pavots par exemple, se développent à l'intérieur de capsules en forme de vase. Pour les récolter, il suffit de renverser délicatement la capsule au-dessus d'un récipient. Écraser la cosse des graines peut donc parfois s'avérer inutile quand une technique plus simple procure un meilleur résultat.

Certains types de cosses s'écrasent facilement lorsqu'on marche dessus, d'autres exigent plus d'efforts. Dans ce dernier cas, on peut les battre à l'aide d'un bâton. Personnellement, j'aime utiliser l'approche qui consiste à récolter l'intégralité de la plante et la frapper contre les parois d'une poubelle métallique afin d'en détacher les graines. J'emploie cette méthode pour des cultures telles que les haricots, la laitue, la moutarde, le chou frisé et le lin.

---

5   Vannage* : opération effectuée après le battage* et consistant à séparer les graines de leurs impuretés, telles que la paille et autres débris végétaux, en utilisant le vent. Elle peut se réaliser notamment en transvasant les graines contenant les impuretés d'un récipient tenu à la main, à hauteur de hanche, vers un autre posé au sol. On laisse le vent (ou le courant d'air créé par un ventilateur) emporter les impuretés tandis que les graines tombent dans le récipient posé au sol du fait de leur différence de densité.

Les graines qui demeurent dans leurs enveloppes après le tamisage peuvent servir, en l'état, de nourriture pour les animaux ou de semences destinées à certaines parties du jardin ou à des zones naturelles alentour.

Les semences que nous sauvegardons nous-mêmes n'ont pas besoin d'un nettoyage aussi impeccable que les semences commerciales. Même semées avec quelques résidus de cosses encore attachés, ces graines pousseront très bien !

Quand je récolte mes graines de légumes, je veille à ne pas ramasser, en même temps, de graines d'adventices*. Cela me dispense d'avoir à gérer, ultérieurement, les adventices en résultant au sein de mes cultures. L'utilisation de tamis ou la méthode du vannage* peut s'avérer extrêmement efficace à cet effet. Par exemple, le tamisage ou le vannage permettent de séparer les graines de haricots secs de celles de millet.[6]

J'utilise un sécateur pour couper les plantes juste au-dessus du niveau du sol pour éviter d'introduire de la terre dans mes graines car elle s'avère difficile à séparer des semences par la suite.

Récolte de semences entourées de gelée protectrice

Cette récolte se fait souvent en même temps que la consommation du fruit qui les contient.

Récolte de semences entourées de gelée protectrice

Une fois les graines extraites, on les laisse à l'air libre, entourées de leur gelée. Comme cette dernière peut inhiber la germination des graines, on la laisse fermenter et pourrir pendant une période pouvant aller jusqu'à 5 jours. Ensuite, on peut utiliser la méthode de flottation ou une passoire pour séparer les graines de cette pulpe.

Pour les tomates par exemple, ma technique consiste à couper le bas du fruit, près de l'extrémité apicale[7], puis d'en presser le jus dans un récipient. Je laisse ensuite reposer le récipient pendant environ trois jours. Cette durée peut varier en fonction de la température ambiante. Je ne passe à l'étape suivante que lorsque l'enveloppe gélatineuse autour des graines

6   Setaria viridis. Également appelé « millet à queue de renard ».
7   Côté opposé au pédoncule*

commence à se désintégrer. J'ajoute alors de l'eau dans le récipient : la gelée flotte, les graines coulent. En rinçant une ou deux fois, je sépare complètement les graines de cette pulpe.

Les concombres ont également une gelée protectrice autour de leurs graines qui se désintègre après quelques jours de fermentation.

Les graines de melons et de pastèques ne disposent que d'une fine couche gélatineuse. Un simple rinçage, immédiatement après la récolte, suffit à les nettoyer.

Certaines graines de courge ont également une enveloppe gélatineuse. J'utilise un jet d'eau dirigé contre les graines dans une passoire pour les séparer de cette substance. Ces graines ne requièrent pas de fermentation, car le résidus de gel sèche et s'envole lors du vannage*.

Une fois les graines ainsi nettoyées, étalez les bien pour les faire sécher rapidement et complètement afin d'éviter les moisissures. Vannez pour séparer les bonnes graines des enveloppes vides.

Viabilité des semences

Les graines deviennent viables bien avant d'atteindre leur pleine maturité. Cela signifie que les fruits immatures contiennent fréquemment des graines capables de germer. Celles-ci n'auront peut-être pas la même vigueur que des graines de fruits complètement mûrs, mais elles pousseront néanmoins. Pendant mes premières années d'expérimentation avec les cultures de melons et de courges moschata*, j'ai travaillé avec des fruits très immatures. Les graines semblent pouvoir continuer à mûrir à l'intérieur des fruits, même après leur récolte.

La capacité de germination des graines peut, en revanche, s'avérer sérieusement compromise si elles gèlent encore entourées de leur gelée protectrice. Je veille donc à récolter les cultures aux graines de ce type avant l'arrivée des premières gelées automnales. Une fois totalement sèches, les graines des espèces issues des climats tempérés peuvent tolérer le gel sans subir de dommages.

La présence de moisissures ou d'humidité diminue également la viabilité des semences. Pour éviter ce risque, j'étale les graines pour les faire sécher rapidement et complètement après la récolte.

Stockage des semences

Pour préserver les graines, on doit les stocker correctement. En règle générale, on recommande de les conserver dans un endroit frais, sombre et sec.

Stockage des Semences

Au frais
Dans un endroit sombre
Au sec
En sécurité

Personnellement, j'interprète « au frais » comme signifiant « à température ambiante » et « dans un endroit sombre » comme l'équivalent de «protégées des rayons directs du soleil ».

Une excellente stratégie de conservation des semences devrait également prendre en considération les causes les plus fréquentes qui mènent à leur perte. Selon mon expérience personnelle, ces causes se résument comme suit : erreurs humaines, prédations animales, infestations d'insectes, exposition à l'humidité ou à la chaleur, décomposition ou catastrophes naturelles.

Erreurs humaines

Les graines disparaissent le plus souvent du fait d'erreurs humaines. Un grand-père décède et les personnes qui débarrassent sa maison jettent ce précieux héritage. Un couple divorce et le·la conjoint·e non jardinier·ère part avec la réserve de graines. Quelqu'un·e ne range pas les graines à leur place et elles finissent à l'arrière d'un pick-up pendant une averse. Les voleurs volent. Il arrive aussi que les gens fassent tomber leurs affaires et les cassent ou qu'ils cessent de payer le loyer d'un garde-meuble.

Adopter un mode de vie fondé sur la coopération pacifique reste, pour moi, la meilleure façon de pallier les erreurs humaines de ce type. J'ai perdu des variétés précieuses du fait d'erreurs d'inattention, d'échec de cultures et de souris. Quand mes collaborateur·trice·s l'ont appris, iels ont réagi en disant par exemple : « Tu m'avais donné cette variété il y a cinq ans. Je l'adore ! Je t'envoie un paquet de graines. »

Je conserve des doubles de mes graines chez des ami·e·s et des membres de ma famille. Ainsi, si quelque chose venait à arriver à ma réserve de graines principale, j'en aurais toujours d'autres de secours à ma disposition. J'envoie également des doubles de mes semences à mes collaborateur·trice·s. Iels peuvent choisir de les stocker, les semer ou de les partager. À plusieurs reprises, cela m'a permis de récupérer des semences que j'avais perdues.

Prédations animales

Deux fois dans ma vie, des souris ont pénétré dans ma réserve de graines et ont presque tout mangé. Les deux incidents ont eu lieu lors de déménagements, après que j'ai laissé traîner une boîte de graines dans le garage. Les souris ont rongé les bacs en plastique et les cartons. Elles ont dévoré l'intégralité de mon stock de semences, à l'exception de celles stockées dans un seul bocal en verre.

Depuis lors, je préfère stocker mes graines dans des bocaux en verre dotés de couvercles en acier. J'utilise différentes tailles allant de 120 ml à 4 L.

Pour des quantités plus importantes, j'utilise des seaux en plastique de 20 L avec des couvercles à vis.

Il m'arrive, à l'occasion, de faire tomber un de ses bocaux dans une parcelle et de le casser. Pour remédier à ce problème, j'essaye donc maintenant de transvaser la quantité de graines que je veux planter dans un sac en plastique avant d'aller les semer. Je remets ensuite l'excédent dans le bocal, une fois rentré à la maison. Je bourre mes bocaux à large ouverture avec tous ces petits sachets de semences restants.

Insectes

Les insectes constituent la seconde cause la plus courante de mes pertes de semences. Ils arrivent également à ronger le plastique, le papier et le carton. Ils se glissent à travers de minuscules fissures. Je peux rarement détecter à l'œil nu si un sachet de graines contient des insectes. Il existe de nombreuses espèces d'insectes différents susceptibles d'attaquer les semences. Certaines pénètrent dans ma réserve sous forme d'œufs avec les graines récoltées. D'autres arrivent pendant le processus de battage*, de tamisage ou de vannage* des semences ou durant leur stockage.

Le gel tue les insectes. Quelques jours dans un congélateur domestique suffisent. Veillez cependant à ne congeler que des semences préalablement séchées et prêtes au stockage. Congeler une graine humide pourrait endommager son embryon. Disposer vos graines dans un récipient hermétiquement étanche à l'eau tel un tupperware ou un bocal en verre afin d'éviter l'absorption d'humidité après la sortie du congélateur.

J'ai effectué des tests de germination sur des graines sèches, avant et après leur congélation. Je n'ai observé aucun effet nuisible sur les variétés tempérées que j'ai testées. La congélation peut en revanche endommager les graines tropicales.

Secouer énergiquement un bocal de graines permet également d'écraser les insectes et les œufs qui se trouvent à l'intérieur. Je secoue donc mes graines avant et après la congélation.

Je les préserve de toute réinfection en les conservant dans des bocaux en verre.

Les produits de supermarché que je ramène chez moi contiennent des insectes susceptibles de s'attaquer à mes graines. Je ne laisse donc pas les infestations se propager. Chaque fois que j'en détecte une, je nettoie le garde-manger de fond en comble afin d'endiguer le problème. Plus je parviens à maintenir un niveau de population bas, moins ils risquent de faire des dégâts dans mes graines. A cet effet, je congèle également tous les produits céréaliers que j'achète avant de les consommer. Je procède de même pour toutes les semences que j'achète ou que j'échange avant de les stocker dans ma réserve de graines.

J'héberge gratuitement les araignées à l'année dans le local de stockage des graines.

Humidité

Un taux d'humidité excessif réduit la durée de vie des graines stockées et encourage la croissance de micro-organismes. J'utilise donc plusieurs méthodes empiriques afin d'estimer le degré de sécheresse de mes graines avant de les stocker. Je pratique notamment un test de morsure : si la graine conserve suffisamment de souplesse pour subir une morsure, cela indique un niveau d'humidité excessif en vue du stockage. Un autre test que j'utilise consiste à placer des graines dans un bocal en verre ou un sac en plastique à l'extérieur, en plein soleil. Si l'humidité perle à l'intérieur du récipient, cela montre qu'elles nécessitent un temps de séchage plus long.

Dans mon environnement extrêmement aride, les semences sèchent aisément et conservent un taux d'humidité très bas. Les personnes vivant dans des climats plus humides pourront avoir à investir plus d'efforts pour sécher leurs graines.

A l'occasion, j'aime aussi utiliser un déshydrateur réglé à 35 °C ou étaler mes semences sur une bâche ou une plaque de cuisson. Des agents dessicants peuvent également aider à réduire le taux d'humidité des graines. J'utilise personellement du riz blanc car j'y ai facilement accès : je sèche le riz au four à 107 °C pendant environ quatre heures. Je le laisse refroidir avant de le placer dans un récipient hermétique tel qu'un bocal en verre de plusieurs litres. J'ajoute ensuite les graines préalablement disposées dans des enveloppes en papier ou en tissu. Je les laisse sécher pendant environ une semaine. Une de mes collaboratrices m'a fait savoir qu'elle obtenait des résultats similaires en utilisant des lichens.

Les graines commerciales vendues dans des sachets en papier contiennent généralement trop d'humidité pour un stockage optimal. Je recommande donc de les refaire sécher avant de les entreposer. Nul besoin de les sortir de leur sachet pour y procéder.

Une fois leur séchage terminé, protégez les graines de l'humidité atmosphérique.

Je me concentre dans cet ouvrage sur les variétés de semences de l'hémisphère nord que j'ai l'habitude de cultiver. Les graines d'espèces tropicales pourraient ne pas réagir aussi favorablement à la déshydratation.

Chaleur

La plupart des espèces de graines, une fois sèches, se conservent bien à température ambiante. Les principes de la chimie physique des systèmes biologiques dictent que globalement, à chaque élévation de 10 °C de la température, le taux de réaction double. Ainsi, une graines qui a une viabilité de huit ans à 21 °C ne restera viable que quatre ans à 31 °C, deux ans à 41 °C et un an à 51 °C. Si vous avez le choix entre un endroit chaud ou un endroit frais pour stocker vos graines, choisissez l'emplacement le plus frais.

Décomposition

Selon le même principe, à chaque diminution de 10 °C de la température, le taux de réaction diminue de moitié. Des graines supposées viables pendant 8 ans à température ambiante peuvent survivre pendant 32 ans dans un réfrigérateur et 128 ans dans un congélateur. Une fois séchées, la congélation des graines suspend leur durée de vie. Retirées des températures de congélation, leur décomposition biologique reprend.

Catastrophes naturelles

Je n'ai jamais perdu de graines du fait de catastrophes naturelles. Néanmoins, je mets en place diverses stratégies pour m'y préparer. Je conserve des stocks de graines dans trois comtés différents. L'un de ces emplacements s'avère susceptible aux inondations, aux incendies de forêt ou au vol. Mes deux autres lieux de stockage demeurent à l'abri des inondations mais vulnérables aux tremblements de terre. Aucune de mes réserves de stockage ne reste à l'abri d'un incendie potentiel. En répartissant mes graines sur divers emplacements, je réduis les risques de voir ma collection intégralement détruite. Les étagères fixées au mur de ma principale réserve de graines disposent d'une bordure pour les protéger en cas de séisme. Comme je l'ai expliqué auparavant, je conserve mes graines dans des bocaux en verre. Si je voulais mettre en place une mesure de sécurité supplémentaire, je pourrais placer des sacs en plastique à l'intérieur des bocaux, de manière à contenir les graines si les bocaux venaient à se casser.

Les jardinier·ère·s et paysan·ne·s devraient prévoir des mesures pour protéger leurs graines des catastrophes naturelles les plus probables dans leur propre région du monde. Cela pourrait par exemple impliquer d'enterrer des bocaux de graines dans les régions sujettes aux tornades.

*Le nettoyage des graines ne nécessite pas d'équipements sophisti-
qués*

*Jarre traditionnellement utilisée pour la conservation des semences
: le goulot étroit empêche les souris d'y accéder*

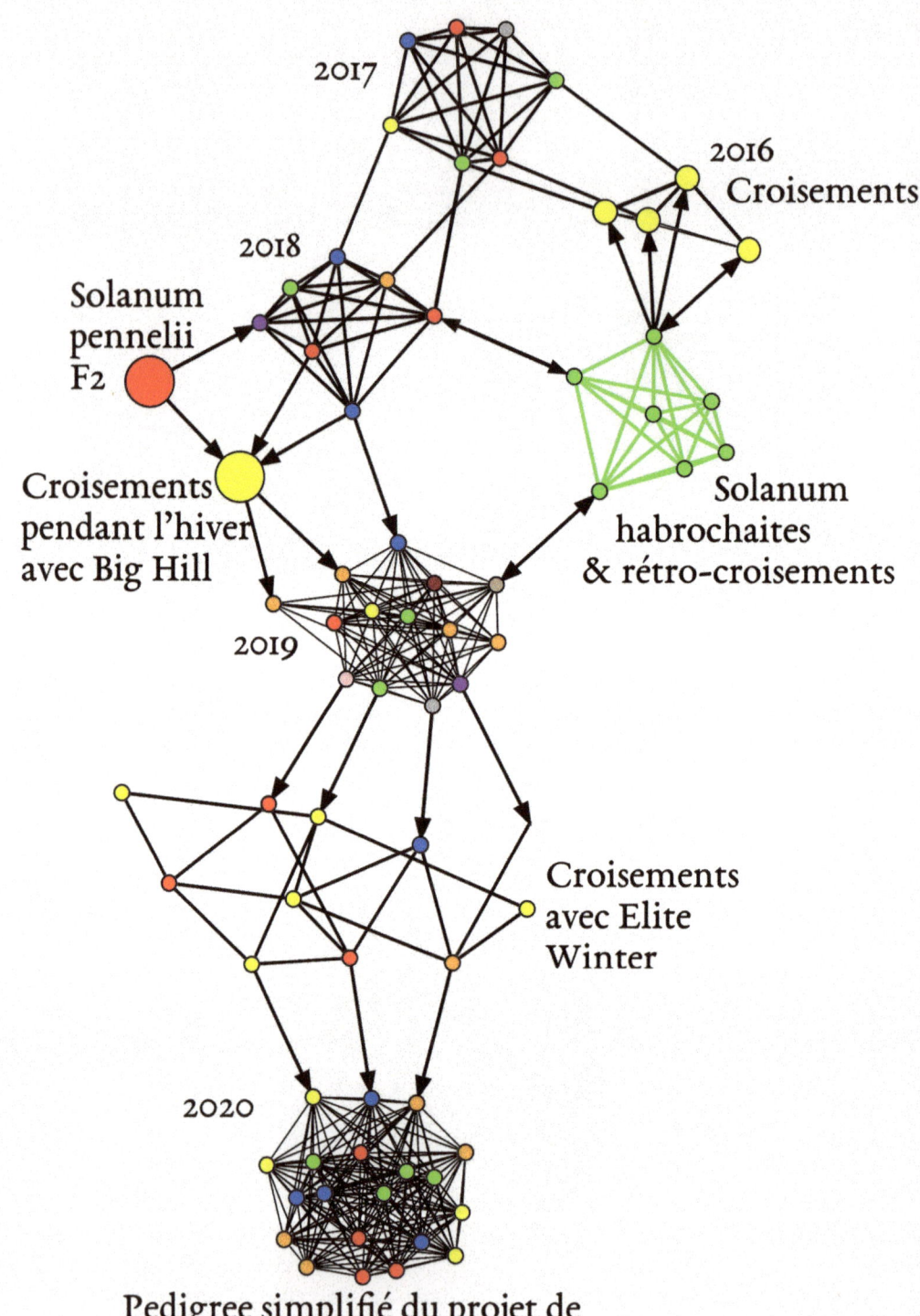

2017

2016
Croisements

2018

Solanum
pennelii
F2

Croisements
pendant l'hiver
avec Big Hill

Solanum
habrochaites
& rétro-croisements

2019

Croisements
avec Elite
Winter

2020

Pedigree simplifié du projet de
Délicieuses Tomates
Magnifiquement Débridées

Chapitre 12 : Tomates débridées[1]

Le projet de Délicieuses Tomates Magnifiquement Débridées* a pour objectif de développer une population* de tomates autostériles*[2] au goût incomparable. Nous pensons pouvoir créer des tomates 100% allogames* conservant une diversité génétique exceptionnelle, héritée de leurs ancêtres sauvages. Nous croyons que ces tomates s'avéreront en me-

Fleur de tomate débridée

sure de résoudre d'elles-mêmes les problèmes actuellement réglés au moyen de produits phytosanitaires, de matériaux agricoles de protection, de techniques ou de travail. Cela pourrait considérablement simplifier la culture des tomates dans les régions humides. L'apport de matériel génétique sauvage ajoute également de nombreux profils de saveurs très intéressants.

Pendant des années, ce projet a captivé mon attention, alimentant mes espoirs et mes rêves. Il me tient vraiment à cœur de permettre aux habitant·e·s des climats humides de cultiver des tomates de manière biologique, sans pulvérisations ni travail inutile.

Goulots d'étranglement génétiques

La domestication des tomates a engendré plusieurs goulots d'étranglement génétiques au sein de l'espèce*. Un tel phénomène se produit lorsqu'un échantillon réduit d'une espèce se sépare d'une plus grande partie de sa population d'origine. Cet échantillon réduit possède un sous-ensemble limité de gènes. Ce patrimoine génétique restreint induit une dépression consanguine* et une perte de vigueur. De ce fait, cette nouvelle population* peut se trouver dépourvue des outils nécessaires pour faire face aux ravageurs, aux maladies ou à des conditions environnementales spécifiques. Les principaux goulots d'étranglement des tomates comprennent :

- Voyage des Andes au Mexique
- Voyage du Mexique en Europe

---

[1] En anglais, promiscuous tomato : une expression anglaise inventée par Joseph et empreinte de facétie.

[2] Tomate autostérile* : incapable de s'autopolliniser, il s'agit d'une plante de tomate totalement dependante de la pollinisation croisée* pour la production de fruit autrement dit, une plante 100% allogame*.

- Voyage de l'Europe vers le reste du monde
- Décennies de conservation des variétés patrimoniales* par endogamie

Les pollinisateurs, qui avaient coévolué avec les tomates depuis leurs débuts, n'ont pas pu les suivre dans leur périple autour du monde. Pour faire face à ce problème, les tomates ont alors évolué vers un mode de reproduction autogame* entraînant une forte tendance à l'endogamie*.

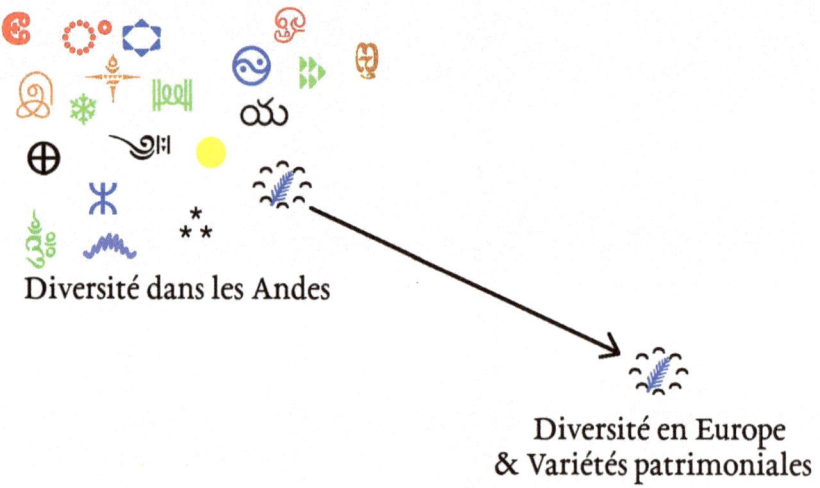

Diversité dans les Andes

Diversité en Europe
& Variétés patrimoniales

Goulot d'étranglement génétique des tomates

De plus, sur une période de cinquante à plusieurs centaines de générations, les gens ont également effectué une sélection à l'encontre de la pollinisation croisée*, amplifiant encore davantage l'endogamie au sein des variétés patrimoniales*. L'ensemble de ces phénomènes combinés a conduit à une réduction de 95 % de la diversité génétique des tomates actuelles. Celles-ci font partie des cultures les plus endogames et vulnérables du secteur agricole. Elles présentent un risque important d'effondrement systémique*.

Une étude a trouvé plus de diversité génétique dans une seule variété de tomate sauvage que dans toutes les lignées domestiques* étudiées combinées.

La grande majorité des tomates que j'essaie de cultiver ne parvient pas à porter leurs fruits à maturité. Faire de la sélection ou de l'amélioration des tomates domestiques*₃ présente des difficultés en raison du manque de diversité génétique sur laquelle travailler. Les variations en termes de types de feuilles ainsi que de couleurs et de formes des fruits s'avèrent restreintes. Dans l'ensemble, le génome domestique se trouve sévèrement limité en termes de capacité génétique à faire face aux ravageurs, maladies et stress environnemental. Les tomates domestiques semblent avoir perdu l'intelligence ancestrale de leur espèce*.

Pollinisation débridée

Lors d'expérimentations menées sur la tolérance des tomates au gel et au froid, j'ai remarqué que la variété Jagodka avait fréquemment des bourdons sur ses fleurs, alors même que le reste de la parcelle n'attirait quasiment aucun pollinisateur. Cela m'a amené à réfléchir à l'idée de sélectionner des tomates recourant davantage à la pollinisation croisée* que j'appellerai des « tomates débridées* ». Une augmentation du taux naturel de pollinisation croisée dépassant les 3 à 5 % habituels pourrait en effet faciliter une adaptation locale plus rapide.

Dans notre quête pour trouver des fleurs de tomates débridées, mes collaborateur·trice·s et moi avons découvert les espèces sauvages Solanum pennellii et Solanum habrochaites : allogames* à 100% et incapables de s'autopolliniser. On les qualifie d'autostériles*. Elles ne peuvent s'hybrider qu'avec des plantes non étroitement apparentées. Leurs grosses fleurs, colorées et audacieuses font le bonheur des pollinisateurs !

Les espèces sauvages peuvent fournir du pollen aux tomates domestiques* mais pas l'inverse.

S. pennellii et S. habrochaites représentent les deux seules espèces autostériles que je connaisse qui puissent s'hybrider facilement avec les tomates domestiques. Les autres n'y parviennent que rarement.

Nous avons procédé à des croisements manuels*₄ entre les tomates domestiques et les tomates sauvages. Nous avons ensuite sé-

---

3 Tomates domestiques* : (par opposition aux tomates sauvages) ensemble des tomates cultivées, autrement dits, de toutes les tomates « classiques » au sens courant du terme.

4 Croisement manuel* : croisement réalisé à la main, dans les champs, par opposition aux croisements spontanés résultant, en ce qui concerne les tomates, de l'action des pollinisateurs. Voir le sous-chapitre intitulé Hybrides Artisanaux* pour de plus amples détails sur cette procédure.

*Stigmate à l'extérieur
des anthères*

lectionné les descendants possédant des fleurs similaires à celles des tomates sauvages. Ces fleurs, d'une taille imposante, ont le stigmate* à l'extérieur des anthères*. Il vient se frotter contre le ventre des abeilles pollinisatrices. Notre sélection a porté principalement sur la présence de telles fleurs que j'ai qualifié de « débridées* ».

A l'occasion de ce projet, nous avons découvert une surprenante variété d'arômes, de saveurs et de textures parmi les fruits obtenus. Les testeurs de goût, lors de leurs évaluations, ont usé de termes tels que « melon », « délicieux », « tropical », « fruité », « goyave » et « acidulé » pour les décrire. Nous privilégions les goûts sucrés, fruités et tropicaux. De plus, nous selectionons principalement les fruits oranges et jaunes car ils suscitent des commentaires plus favorables que les autres.

Le chef cuisinier Barney Northrup voulait que je ressème les graines d'un fruit qu'il déclarait avoir un goût d'oursin ! Je ne sais même pas ce qu'il peut bien vouloir dire par là !

La descendance des hybrides interspécifiques* présente une immense diversité de caractères. On m'a fait part de plantes atteignant des tailles monstrueuses ! J'ai personnellement tendance à préférer celles à croissance déterminée et de petite taille : elles arrivent à maturité en temps record et offrent une excellente productivité. Ce caractère spécifique provient d'un ancêtre domestique.

On peut sélectionner les plantes capables de pollinisation débridée*, un caractère hérité, en ne récoltant que les graines de celles affichant de larges fleurs, colorées et ouvertes. Les bourdons et autres espèces d'insectes assurent la pollinisation, permettant ainsi la production d'une quantité considérable de graines d'hybrides ne nécessitant aucune intervention humaine. Les hybrides impliquant trois espèces* s'avèrent fréquents.

Pendant plusieurs années, nous avons tenté de rétablir un système d'auto-incompatibilité entièrement opérationnel en sélectionnant les plantes dépourvues de tomates naissantes en début de saison ou en éliminant celles produisant des fruits lors d'une autopollinisation* manuelle[5]. Quelqu'un d'extrêmement méticuleux pourrait faire rapidement progresser un tel projet en réalisant ce type de travail. Nous avons néanmoins constaté que ces objectifs, bien que dignes d'attention, devenaient trop difficiles à mettre en œuvre avec des milliers de plantes et des centaines de collaborateur·trice·s. Nous procédons donc actuellement à la sélec-

Anthères ouvertes

tion en nous fondant uniquement sur la présence ou non de larges fleurs, ouvertes et colorées.

A noter que les gènes de l'auto-compatibilité, d'ores et déjà identifiés par les scientifiques, pourraient nous permettre, à l'avenir, d'effectuer cette sélection en recourant à des tests ADN.

Traiter désormais les tomates comme une espèce allogame* plutôt qu'autogame* implique un changement au niveau des mentalités et des habitudes, aussi bien pour nous que pour nos collaborateur·trice·s. Cela demande un effort constant.

La méthode traditionnelle pour créer des hybrides de tomates consiste à transférer le pollen d'un donneur unique sur une plante mère, puis à laisser la descendance s'autopolliniser. Convaincre les individus d'adopter une méthode impliquant à la fois de multiples donneurs de pollen et de multiples mères s'avère un vrai défi.

Au début du projet, j'ai également commis l'erreur de ne pas intégrer une quantité suffisante de donneurs de pollen sauvage lors des croisements initiaux. Je suggère donc désormais d'utiliser 7 à 20 donneurs de pollen pour réaliser ces premiers croisements.

Comparez le pedigree impliquant un donneur pour une mère, utilisé dans la sélection des tomates domestiques* tel qu'illustré sur cette page, avec le pedigree impliquant plusieurs donneurs pour plusieurs mères illustré par un diagramme au début de ce chapitre.

---

5   Autopollinisation* manuelle : pollinisation réalisée à la main (par opposition à une pollinisation résultant de l'action des insectes pollinisateurs ou du vent) et consistant, dans ce cas précis, à féconder une fleur de tomate avec son propre pollen.

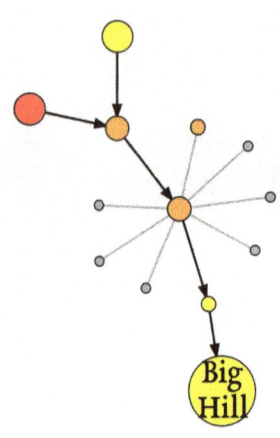

Pedigree d'une tomate consanguine

L'introduction de matériel génétique sauvage a initialement réduit l'adaptabilité locale des premières générations d'hybrides. Ceux-ci ont eu du mal à s'acclimater à la courte saison de croissance de mon jardin, à mon sol et à mon climat. Les plantes qui ont réussi à survivre et à s'épanouir ont, en revanche, démontré une vigueur hybride.

La décision de créer, au départ, des hybrides combinant trois espèces (lycopersicum, habrochaites, pennellii) a engendré des problèmes de fertilité persistants. Pour ceux·celles qui prévoient de réinitialiser ce projet, je leur conseille donc de choisir soit S. pennellii, soit S. habrochaites comme donneur de pollen, mais d'éviter de combiner les deux.

De merveilleuses saveurs fruitées ont émergé, ainsi que des notes acides et hors du commun. Chaque année, nous effectuons une sélection de celles qui nous séduisent le plus. Du fait de leur pollinisation débridée*, certaines saveurs, moins plaisantes réapparaissent d'une année sur l'autre. Ces dernières s'atténuent tout de même au fil du temps puisque nous ne conservons que les graines des fruits qui nous plaisent le mieux en termes de goût.

Hybrides auto-générés

Un élément clé de la permaculture consiste à laisser les systèmes naturels faire la majeure partie du travail : le rôle du·de la jardinier·ère se limitant à fournir des directives de temps à autre.

Les tomates sauvages possèdent un gène d'auto-incompatibilité. Cela signifie qu'elles ne peuvent pas s'autopolliniser et doivent systématiquement recourir à la pollinisation croisée*. Chaque graine représente, de ce fait, un hybride unique. L'incorporation de ce gène dans les tomates domestiques permet donc à ces dernières de générer aisément et automatiquement des centaines de milliers de combinaisons génétiques uniques, éliminant ainsi l'effort considérable habituellement nécessaire pour créer intentionnellement, à la main, des hybrides de tomates domestiques.

Cela permet de tester de multiples nouvelles combinaisons génétiques pour répondre aux défis tels que les parasites, les virus, le mildiou, le gel, les adventices*, la saveur, la couleur, etc. Les tomates auto-incompatibles font elles-même le travail de sélection et d'amélioration. Elles s'avèrent capables de résoudre, de manière autonome, les problèmes que nous avions auparavant tenté d'endiguer à l'aide de pulvérisations, de produits phytosanitaires, de techniques culturales ou de travail.

Nous avons travaillé à l'incorporation du gène d'auto-incompatibilité au sein des tomates domestiques sur sept à neuf générations de plantes.

Nous menons également ce projet dans la direction opposée, en incorporant des gènes aptes à produire de plus gros fruits chez les tomates sauvages[6].

Une autre facette de ce projet consiste à n'utiliser que des espèces sauvages pour développer des populations spécifiquement adaptées à notre terroir. Nous les domestiquons en sélectionnant, à chaque génération, les fruits les plus gros et les plus savoureux qui s'avèrent capables de mûrir le plus rapidement possible.

Si je devais reprendre ce projet à zéro, je choisirais les donneurs de pollen parmi ces populations domestiquées d'espèces sauvages d'ores et déjà adaptées au terroir et produisant des fruits de plus gros calibre au goût plus flatteur.

Différents types de fleurs

Ce projet vise à produire des tomates débridées*[7]. L'une des stratégies pour promouvoir ce type de reproduction par pollinisation croisée* consiste à transférer aux tomates les gènes responsables de l'auto-incompatibilité, les forçant ainsi à recourir systématiquement au croisement. Nous travaillons assidûment sur cet aspect du projet.

L'autre stratégie consiste à sélectionner les tomates possédant le type de fleurs qui facilite la pollinisation croisée, même si ces plantes demeurent tout de même encore capables de s'autopolliniser. J'utilise le terme de « panamoureuse*[8] » pour décrire ces to-

---

6   Technique de sélection également appelée le « le rétrocroisement ou croisement en retour ».
7   Tomate débridée* : une tomate 100% allogame* et auto-stériles*
8   En anglais, panamorous tomato : une expression inventée par Joseph et empreinte de facétie.

mates. Cette stratégie pourrait rendre les croisements jusqu'à 10 fois plus probables qu'entre les variétés patrimoniales* actuelles.

Les tomates qui recourent plus ou moins fréquemment à la pollinisation croisée démontrent une plus grande résilience que celles qui ne se croisent que rarement. Cela vaut donc la peine d'encourager à tout prix les croisements au sein des variétés* de tomates domestiques de lignées pures.

Fleur de tomate classique
Anthères fermées
Pollen prisonnier
Stigmate caché
Pétales petits et de couleur pale

Fleur de tomate débridée
Anthères ouvertes
Pollen facilement dispersé
Stigmate entièrement exposé
Pétales larges et de couleur

Comparaison entre les fleurs de tomates classiques et celles de tomates débridées

Les tomates sauvages débridées* exhibent des fleurs imposantes et colorées, ce qui les rend plus attrayantes pour les pollinisateurs. Les tomates classiques*[9], quant à elles, ne se parent que de petites fleurs aux tons ternes. Même au sein des tomates entièrement domestiques, on pourrait donc accroître naturellement leur taux de croisement en sélectionnant des plantes aux pétales de fleurs plus grands et aux couleurs plus éclatantes. Pour encourager encore davantage les croisements, on pourrait également envisager des plantations plus rapprochées ou alternant les différentes varié-

---

9   Tomates classiques* : également appelée, en termes techniques, « tomates domestiques ».

tés ou bien encore la plantation groupée de différentes variétés ensemble. Si nous le souhaitions, nous aurions donc les moyens de privilégier les croisements au lieu de renforcer l'autopollinisation*.

Chez les tomates domestiques, les anthères*, soudées entre elles, forment en général une sorte de cône renfermant le stigmate*. Cela empêche le pollen d'entrer et sortir de la fleur. Ce caractère joue notamment un rôle significatif dans les taux d'autofécondation élevés observés chez les tomates domestiques.

À l'inverse, chez les tomates débridées*, on trouve fréquemment des anthères à peine soudées, voire même séparées les unes des autres. Les cônes d'anthères des tomates domestiques de type beefsteak, souvent mal soudés, expliquent en partie leur réputation de favoriser davantage les croisements que d'autres variétés domestiques.

Les tomates sauvages débridées possèdent souvent de long styles[10] qui font dépasser leurs stigmates* au-delà des anthères. Cela favorise les croisements. Certaines variétés de tomates cerises domestiques ont conservé ce caractère.

Certaines variétés de tomates domestiques disposent leurs pétales de manière à empêcher les abeilles d'accéder jusqu'à leurs fleurs. Cela représente un moyen ingénieux de favoriser l'autopollinisation mais va malheureusement à l'encontre de la biodiversité.

Parfois, quand je frôle des fleurs de tomates sauvages, elles libèrent un épais nuage de pollen. Une caractéristique remarquable qui favorise la pollinisation croisée* et attire les pollinisateurs.

Anthères détachées les unes de autres

Les fleurs de tomate ne possèdent pas de nectaires, ce qui limite leur attrait pour les abeilles mellifères. Dans mon jardin, leur pollinisation repose donc principalement sur les bourdons et autres insectes locaux. Les abeilles fouisseuses, qui établissent leurs

---

10 Style : partie étroite et allongée du pistil des fleurs à partir de laquelle émerge le stigmate*. Il relie le stigmate à l'ovaire de la fleur.

colonies sous terre, contribuent de manière significative à la pollinisation des fleurs de tomates.

Les tomates débridées* et auto-incompatibles comptent sur les insectes pour leur pollinisation. Cette dépendance exclut, à mon sens, l'utilisation de pesticides susceptibles de nuire à ces derniers. Je dirai même qu'elle implique de cultiver des plantes attrayantes pour les pollinisateurs à proximité de ces cultures et d'offrir des emplacements appropriés pour la nidification des abeilles fouisseuses et autres insectes.

Taille remarquable d'une fleur débridée comparée à celle, minuscule, d'une fleur consanguine

Collaboration

Le Projet de Délicieuses Tomates Magnifiquement Débridées* a suscité l'intérêt et la participation d'un grand nombre de collaborateur·trice·s. Certain·e·s ont acquis des espèces sauvages auprès de banques de graines afin de les partager avec moi. D'autres ont traversé le continent pour venir observer les plantes en personne. J'expédie des échantillons de ces tomates, par la poste, à mes collaborateur·trice·s et nous avons des dégustations de groupe. Nous avons réalisé des cultures en serre pendant l'hiver, dans des climats plus chauds, afin de créer des générations supplémentaires. Je voyage pour me rendre dans les fermes et les banques de graines qui participent au projet.

La société Row 7 Seed a rendu possible les croisements en hiver à Nipomo Native Seeds en Californie. William Schlegel et Andrew Barney ont apporté des contributions substantielles au projet pendant de nombreuses années. Andrea Clapp de World Tomato Society m'a apporté son assistance dans l'élaboration de stratégies pour mettre en œuvre ce projet. Evan Sofro et John Cassia de Snake River Earth Arts ont cultivé un champ entier de tomates débridées*.

Un des volets particulièrement intéressant de ce projet consiste à réussir à cultiver ces tomates de manière biologique, sans protocoles de protection des cultures ni pulvérisations, dans les régions confrontées au mildiou. J'aimerais impliquer plus de collaborateur·trice·s sur cet aspect particulier du projet. L'Experimental Farm Network[11] distribue pour les Etats-Unis les graines que je cultive à cet effet.

Nous pensons que le remaniement rapide du patrimoine génétique des Délicieuses Tomates Magnifiquement Débridées* leur permettra de résoudre le problème du mildiou.

Des études menées après la publication de l'édition anglaise de cet ouvrage ont découvert des bactéries fixatrices d'azote vivant dans les poils racinaires et foliaires de ces tomates. Cela permet d'expliquer en partie comment ces dernières ont réussi à prospérer pendant 14 ans sans faire l'objet d'aucun apport de compost, de fertilisant ou d'amendement de quelque sorte que ce soit.

Je considère ce projet de Délicieuses Tomates Magnifiquement Débridées* comme l'accomplissement de ma vie toute entière. Peu importe le nombre de projets que je devrais abandonner par manque de force ou de motivation, je continuerai celui-ci. Il incarne la beauté et la saveur. Il possède l'aura d'une quête mythique digne des légendes folkloriques.

Taille comparative des fleurs de tomates débridées et consanguines (illustration reproduite à l'échelle réelle dans l'édition au format 15 par 23 centimeters)

---

11 Voir l'annexe pour de plus amples informations sur cette coopérative américaine.

Chapitre 13 : Maïs

J'adore cultiver du maïs. Vigoureux, extrêmement productif et tellement simple à préparer en cuisine, il représente une importante source de glucides et d'énergie. Ses différents types offrent également une impressionnante et délicieuse palette de plats.

Il s'agit de la culture qui génère chez moi le maximum de calories pour le minimum d'efforts. Autre avantage : l'intégralité de la récolte peut se faire à la main. Elle ne nécessite ni outil ni équipement. De plus, les volailles peuvent se nourrir des grains entiers.

Le maïs entraîne rarement le type de troubles métaboliques que les gens rencontrent en mangeant du blé.

Si je devais choisir une seule culture vivrière pour mon village, j'opterais pour le maïs.

Dans mon écosystème, l'exigence en eau de cette culture constitue son principal désavantage. Je réussis par exemple à cultiver des céréales sans irrigation en les semant à l'automne : cette pratique s'avère impossible en ce qui concerne le maïs. D'autres écosystèmes permettent cependant la culture du maïs sans irrigation. Espacer les poquets à la plantation participe également à la réduction de ses besoins en eau.

Le maïs possède un système de reproduction allogame*. Cela en fait une espèce idéale pour un projet de création de semences paysannes métissées*. Il a la réputation de s'avérer sensible à la dépression consanguine*. Je respecte donc la sagesse ancestrale recommandant la plantation d'au moins 200 plants pour préserver une variété* de maïs donnée.

Dans mon écosystème, l'essentiel du pollen de maïs tombe quasiment à l'aplomb de l'épi. Par conséquent, la plupart des grains font l'objet d'une autopollinisation* ou d'une pollinisation par les plantes voisines les plus proches.

La méthode de reproduction que j'utilise avec le maïs s'appelle la sélection massale[1] : je sème toutes les graines ensemble[2] et conserve celles des plantes qui s'épanouissent le mieux. Une méthode alternative de sélection se fait en fratrie[3] et revient à semer quelques graines de chaque épi ensemble. Le groupe que repré-

---

1   En anglais, recurrent mass selection
2   Je réunis toutes les graines dans un même récipient, sans séparer les descendants de leurs parents. Je sème toutes ces graines ensemble, en mélange, sans tenir compte de quelle mère elles descendent.
3   En anglais, sibling group selection

sente cette fratrie, se fait sélectionner ou éliminer en fonction de sa performance globale.

J'apprécie le maïs dont les grains, une fois secs, se détachent aisément de l'épi quand on l'égrenne[4]. Ce caractère, souvent partagé au sein d'une même fratrie, représente, pour moi, un critère de sélection essentiel.

Maïs doux

Il existe plusieurs types de maïs doux[5]. Le premier, connu sous le terme de « maïs doux à l'ancienne*[6] », se réfère au maïs doux qui existait avant le développement des variétés modernes de maïs doux. Également appelé « maïs de type su », il inclut des variétés population* et patrimoniales* de maïs doux. Il existe également 3 types principaux de maïs doux modernes* : un maïs à saveur sucrée rehaussée[7] dit « de type se », un maïs super sucré[8] également référé sous le terme de « sh2 » ou « fripé » en référence à l'apparence de ses graines, et un dernier appelé « synergique[9] » ou se/ sh2 », qui combine ces trois types de gènes de douceur. Je m'intéresse principalement à la création de populations métissées de maïs doux à l'ancienne car il s'agit du seul type de maïs doux capable de me fournir des récoltes extrêmement fiables.

J'ai commencé ma première culture de semences paysannes métissées* avec du maïs doux à l'ancienne.

Le maïs doux à saveur sucrée rehaussée et le maïs doux super sucré ne germent pas de manière fiable, au printemps, dans mon sol froid. Je peux cependant cultiver du maïs doux à saveur sucrée rehaussée pendant les périodes les plus chaudes de l'année. Il germe mieux au début de l'été, une fois que le sol a pu se réchauffer. Cependant, en le cultivant à ce moment de l'année, je cours le risque qu'il n'ait pas le temps d'arriver à maturité avant les gelées automnales.

Je ne cultive en revanche pas de maïs super sucré ni de maïs synergique. Ces semences n'ont pas les ressources nécessaires pour s'épanouir dans mon jardin. Elles ne me donnent pas de résultats fiables.

---

4 Égrener le maïs : opération qui consiste à séparer les grains de maïs de l'épi.
5 Zea mays saccharata. (En anglais, sweet corn)
6 En anglais, old-fashioned sweet corn
7 En anglais, sugary-enhanced sweet corn
8 En anglais, super-sweet corn
9 En anglais, synergistic sweet corn

J'apprécie tout particulièrement la saveur du maïs doux à l'ancienne*. J'aime sa texture moelleuse. Quand sa saison arrive, je mets de côté toutes mes restrictions alimentaires concernant les glucides et prends un immense plaisir à le déguster !

Comme je l'ai déjà évoqué[10], je cultive une population de maïs doux que j'ai nommée Paradise. Cet hybride artisanal* associe la merveilleuse saveur du maïs doux à l'ancienne à la douceur accrue du maïs à saveur sucrée rehaussée.

Je préfère déguster les épis de maïs doux, crus, dans les champs. Ma deuxième façon préférée de les préparer consiste à les plonger dans l'eau bouillante pendant 10 minutes.

La saveur du maïs doux s'estompe rapidement. J'aime le récolter juste avant de le manger.

Lors de la fête de la moisson avec les mien·ne·s, nous jetons des épis de maïs entiers, encore entourés de leur enveloppe, dans le feu de camp. On les enfouit dans les braises chaudes. Nous chantons et dansons pendant qu'ils cuisent. Certains morceaux sortent brûlés, d'autres presque crus. Cela fait partie du charme de la fête !

J'aime également déguster les grains secs de maïs doux une fois égrenés, sautés dans une poêle chaude avec un filet d'huile. Ils gonflent, mais n'éclatent pas. Je les trouve plus sucrés et tendres que ceux de maïs à farine* préparés de la même façon. Les grains de maïs à saveur sucrée rehaussée ont également un goût particulièrement exquis sautés à la poêle de cette manière.

Popcorn

Ma population de maïs à éclater*[11] provient d'un croisement accidentel entre du maïs à farine* décoratif[12] et du maïs popcorn jaune. Je l'ai appelé le Lofthouse Popcorn. J'aime tout particulièrement l'apparition d'épis multicolores que cette hybridation a fait apparaître dans le maïs à éclater.

Si je devais reprendre ce projet à zéro, je ne choisirais cependant pas de refaire ce type de croisement. Cela m'a pris des années pour parvenir à sélectionner de nouveau le caractère d'éclatement des grains à partir de cette hybridation. Chaque hiver, j'ai dû faire écla-

---

10 Voir chapitre 4 pour de plus amples informations sur la création de cet hybride.

11 Zea mays everta : traduit indifféremment dans cet ouvrage par les termes « maïs à éclater » ou « maïs popcorn ». Type de maïs cultivé pour ses grains destinés à éclater et gonfler à la chaleur.

12 Zea mays var. Amylacea. (En anglais, decorative flour corn)

ter 20 grains de chaque épi en utilisant une poêle électrique réglée à 177°C. Je n'ai ressemé que les graines issues des épis qui présentaient le meilleur éclatement aussi bien en termes de volume que de pourcentage d'éclatement. De plus, j'ai personnellement goûté chaque épi et éliminé tous ceux dont la saveur ou la texture ne me plaisaient pas.

J'ai malheureusement perdu ce maïs à la suite d'une crise relationnelle. Cette perte, bien qu'elle m'ait affecté au niveau personnel, n'a pas eu d'impact sur ma communauté car Julie Sheen de Giving Ground Seeds commercialisait déjà ce Lofthouse Popcorn et Wayne Marshall de Banbury Farm le cultivait également pour la Snake River Seed Cooperative.

Popcorn

Par la suite, j'ai fait de nouveaux croisements entre, cette fois, du maïs corné*[13] à haute teneur en carotène et du maïs à éclater provenant de semences paysannes métissées. Le popcorn issu de cette hybridation a arboré une teinte jaune magnifique et un goût sublime, sans doute grâce à la présence de caroténoïdes. Les liens étroits entre le maïs corné* et le maïs popcorn ont rendu la sélection pour un excellent éclatement des grains beaucoup plus facile à effectuer que dans le projet précédent réalisé avec du maïs à farine*.

Maïs corné

Le maïs corné*[14] se caractérise par des grains denses et durs qui peuvent apparaître presque transparents ou vitreux. Je n'aime guère l'utiliser en cuisine car il sollicite énormément les équipements ménagers

Maïs corné Glass Gem

comme les moulins à farines. De plus, sa farine procure une sensation granuleuse en bouche. Je dois cependant admettre qu'il présente un attrait visuel indéniable.

---

13   Voir les sous-sections ci-après pour une définition de ce type de maïs.
14   Zea mays indurata. (En anglais, flint corn)

Le maïs corné Glass Gem, sélectionné pour un excellent éclatement des grains, a contribué au patrimoine génétique de ma population métissée de maïs popcorn que je cultivais avant que Glass Gem ne devienne connu du grand public.

Maïs grain

Le maïs grain*[15] rassemble plusieurs types de maïs en une seule population non séparée par phénotype*. Le maïs corné*, le maïs denté*[16], le maïs à éclater, le maïs doux et le maïs à farine*[17] y coexistent. La culture du maïs grain me procure une grande satisfaction. De tous les maïs que je cultive, il présente la plus grande diversité génétique. Cela lui permet de s'adapter rapidement aux conditions changeantes.

Le maïs grain s'avère idéal pour la brasserie. Je l'utilise personnellement pour nourrir mes poules sous forme de grains entiers dont elles raffolent. Je m'en sers également pour faire de la farine de maïs nixtamalisée[18].

Dans les années 1960, des sélectionneur·se·s de plantes de chez Cargill ont adapté des lignées anciennes de maïs d'Amérique du Sud à la photopériode d'Amérique du Nord. Joshua Gochenour a obtenu et partagé avec moi des graines de cinq de ces populations, stockées dans un congélateur depuis des décennies.

J'ai créé un grex* en croisant ces cinq populations entre elles. Ces maïs sud-américains incluaient du maïs corné, du maïs à farine et du maïs denté. Les phénotypes* correspondant à ces dénominations diffèrent légèrement de ceux des maïs d'Amérique du nord du même nom. J'y ai également inclus Eagle Meets Condor, un hybride nord-sud[19] créé par Dave Christensen. L'année suivante, je les ai croisés avec un grex de variétés population* traditionnelles d'Amérique du Nord, assemblé par Andrew Barney. Le grex ainsi créé présentait donc une immense diversité.

---

15 Zea mays. (En anglais, grain corn)
16 Zea mays indentata. (En anglais, dent corn) type de maïs également appelé « maïs à grains dentés » ou « maïs amylacé-denté ». Il se caractérise par des grains qui, une fois secs, présentent un sommet en forme de dent.
17 Zea mays amylacea. (En anglais, flour corn)
18 Nixtamalisation* : processus qui consiste à cuire le maïs dans une solution alcaline telle la chaux ou les cendres. Voir les pages suivantes pour de plus amples détails.
19 Hybride nord-sud : hybride créé entre des lignées anciennes de maïs d'Amérique du Sud et d'Amérique du Nord.

J'ai appelé la population de maïs qui en a résulté Harmony puisqu'elle combine les diasporas du maïs. À partir de cette population, j'ai sélectionné le reste de celles décrites dans ce chapitre.

Parmi les descendants d'Harmony, un caractère inattendu a émergé. Les plantes ont été cultivées dans un champ fréquenté par les mouffettes et les ratons laveurs, deux espèces particulièrement friandes de maïs. Cela a entraîné une pression de sélection : chaque année, les plantes ont développé leurs défenses et les animaux ont réduit leur prédation. Aujourd'hui, la prédation par les animaux a quasiment disparu.

Maïs corné à haute teneur en carotène

Cateto, l'une des lignées de maïs d'Amérique du Sud, contient jusqu'à dix fois plus de bêta-carotène que la normale, une caractéristique qui me plait et me fascine.

À partir de la population de maïs grains Harmony, j'ai sélectionné un maïs corné riche en carotène. Les chef·fe·s cuisinier·e·s apprécient également ce caractère en raison de son goût et de son attrait visuel. Un pain de maïs orange vif a fière allure !

Maïs classique (de couleur pale) comparé au maïs riche en carotène (couleur foncée)

Lorsque les poules consomment du maïs à haute teneur en carotène, les caroténoïdes se concentrent dans leurs œufs et leurs jaunes deviennent incroyablement colorés et savoureux ! Ils se stockent également dans les graisses. Ces dernières illuminent les soupes et confèrent également aux plats une saveur merveilleuse.

Par rapport aux autres types de maïs, le maïs corné* démontre la plus grande résistance à la prédation par les insectes et animaux en général. Ces grains denses et coriaces, parfois difficiles d'utilisation en cuisine, ont l'avantage de rendre ce type de maïs moins attrayant pour les prédateurs.

Maïs doux à haute teneur en carotène

J'ai croisé Astronomy Domine, un maïs doux, avec le maïs corné à haute teneur en carotène décrit au paragraphe précédent. Le trait sucré, du fait de son caractère récessif, n'a pas fait son apparition au sein de la première génération issue de cette hybridation. Comme je l'ai expliqué précédemment dans cet ouvrage, même si les descendants de plantes ressemblent à leurs parents et grands-parents, il peut arriver qu'un caractère donné saute une génération.

Des grains sucrés ont fait leur apparition lors de la deuxième génération, représentant environ un quart de cette population. Ce ratio de ¼ illustre parfaitement les principes fondamentaux de la génétique abordés dans les cours de biologie au lycée. Cependant, cette notion ne s'applique que rarement dans le cadre de mon travail de créateur et propagateur de semences paysannes métissées. Il y a, en effet, de très nombreux gènes impliqués dans les cultures qui se reproduisent par pollinisation débridée*. Cela rend ce type de calculs trop complexes. Dans ce cas précis cependant, une seule différence génétique distinguait ce maïs doux de ce maïs corné*.

J'ai ensuite effectué une sélection pour ne retenir que les grains sucrés à haute teneur en carotène, identifiables à leur couleur jaune/orangée. J'ai coupé l'extrémité de chacun de ces épis avec une cisaille à main pour les goûter un à un et évaluer leur saveur avant d'en conserver les grains. J'ai éliminé ceux qui présentaient une texture trop fibreuse ou qui ne possédaient pas les qualités gustatives exceptionnelles désirées.

Je ne sauvegarde tous les ans que les grains des épis au goût remarquable. En tant que cultivateur d'une exploitation à taille humaine, j'ai la possibilité de goûter chaque plante, de chaque génération.

Maïs Andean Sweet

Le maïs grains Harmony renferme une faible proportion de gènes de maïs doux que j'ai identifié à l'apparence fripée[20]de certains grains au sein de ses épis. Je les ai sélectionnés et ressemés en isolation. J'ai nommé cette nouvelle population Andean Sweet.

Je l'ai sélectionné à partir de populations d'Harmony d'ores et déjà devenues résistantes aux mouffettes, aux ratons laveurs, aux faisans et aux dindes. Par conséquent, ses plantes, grandes et vigoureuses, portent leurs épis hauts sur leurs tiges.

En termes de goût, Andean Sweet ne figure pas parmi mes préférés. J'accueille cependant toujours avec joie tout maïs capable de

---

20 L'apparence fripée d'un grain de maïs révèle la présence du gène de douceur.

résister aux animaux et arriver jusqu'à mon assiette. Maintenant son caractère sucré fixé, je vais pouvoir concentrer ma sélection sur l'amélioration de son goût.

Grain de maïs doux fripé sur un épi de maïs à farine

Le caractère de douceur, un gène récessif, peut se trouver masqué par d'autres gènes. Une fois sélectionné, un caractère récessif demeure cependant stable. Sur la photographie ci-dessus du grain sucré au sein d'un épi de maïs à farine*, au moins la moitié des grains abritent en réalité un gène sucré caché. Le grain sucré ne se manifeste uniquement que quand la mère et le père ont chacun transmis ce gène à leur progéniture.

Maïs à farine

Plus que n'importe quel autre type de maïs, le maïs à farine* a la réputation de pouvoir assurer la souveraineté alimentaire. J'ai sélectionné mon maïs à farine à partir de populations de maïs grains Harmony résistantes à la prédation animale. J'en ai isolé et conservé les grains tendres et éliminé ceux trop durs.

Les chef·fe·s locaux·ales raffolent du maïs à farine en cuisine. Iels l'utilisent pour confectionner du pain, des tortillas, du pozole, de la farine nixtamalisée*, des chicos, de la bouillie et du maïs grillé.

Les grains tendres, faciles à moudre en farine, produisent une texture fine et légère.

La nixtamalisation* des grains de maïs transforme sa farine. Les tortillas ou les tamales confectionnés à partir de maïs à farine nixtamalisé ont un goût merveilleux ! Le maïs nixtamalisé offre l'une de ces saveurs subtiles et indéfinissables qui déclenchent, chez moi, une sensation de bien-être. Le maïs non-nixtamalisé, utilisé couramment dans la confection des chips de maïs et des tortillas, me semble en revanche immangeable.

La nixtamalisation consiste à cuire le maïs dans une solution alcaline. Personnellement, je préfère utiliser de la chaux alimentaire mais, traditionnellement, les gens employaient plutôt de la cendre de bois. Le procédé de cuisson dans une solution alcaline dissout ou desserre la peau du grain. Je rince ensuite les résidus à l'aide d'une passoire. Il existe de nombreuses recettes pour ce processus. Chaque personne semble avoir sa propre méthode. Pour ma part, j'ajoute généralement environ deux cuillères à soupe de chaux alimentaire pour 4 litres de maïs. Je recouvre d'eau et fais bouillir le tout jusqu'à ce que la peau se détache. La durée de cuisson peut varier de 20 à 60 minutes en fonction de la variété de maïs et du type de solution alcaline utilisé. Certaines recettes suggèrent de laisser tremper le maïs toute une nuit, soit avant, soit après la cuisson. Je ne trouve pas que cela fasse de différence.

J'aime tellement la saveur du maïs nixtamalisé que je refuse d'acheter des tortillas ou des chips de maïs si la « chaux alimentaire » ne figure pas dans la liste des ingrédients.

J'aime nixtamaliser mon maïs, le déshydrater et le moudre pour en faire de la masa harina[21]. La nixtamalisation transforme les protéines du maïs et permet d'en faire une pâte facile à travailler. Le maïs ordinaire moulu ne produit, quant à lui, qu'une pâte collante.

La nixtamalisation* joue un rôle crucial en réduisant les mycotoxines[22] et en rendant la niacine utilisable par l'organisme. Cela contribue à prévenir la pellagre, une maladie de carence nutritionnelle.

Racines aériennes

Il y a quelques années, des chercheurs ont découvert qu'il existait des micro-organismes fixateurs d'azote sur les racines aériennes du maïs. Ces racines sécrètent un gel qui nourrit ces microbes qui, en retour, fournissent de l'azote au maïs. Il s'agit d'une relation symbiotique* classique.

---

21 Masa harina : ingrédient traditionnel de la cuisine mexicaine, utilisé principalement pour faire des tortillas, des tamales et autres plats à base de maïs.
22 Mycotoxines : toxines de moisissures

Ces racines aériennes forment des nœuds qui se décomposent difficilement dans le sol. Depuis plusieurs décennies, on a abandonné les variétés de maïs qui en possédaient car leur présence compliquait les opérations de labour et de plantation lors de la saison suivante. L'agriculture moderne industrialisée a sélectionné le maïs en éliminant délibérément cette caractéristique.

Racines aériennes du maïs

Après avoir pris connaissance de ces recherches, j'ai entrepris de sélectionner une population de maïs pour qu'elle développe de telles racines. J'ai fait ma sélection à partir des maïs parmi lesquels elles apparaissaient déjà le plus souvent de manière spontanée : Harmony, Lofthouse Flour et High Carotène Flint.

En période humide, les racines aériennes produisent un gel au goût légèrement sucré. Bien que je ne puisse pas voir les microbes à l'œil nu, je présume qu'ils résident dans ce gel. Les tiges pourvues de ce type de racines figurent parmi les plus grandes de mes champs, comme si elles bénéficiaient d'une dose supplémentaire d'azote. Je n'apporte ni engrais ni fumier à mes terres. Les résidus de culture et les adventices* de l'année contribuent à la fertilité du sol de l'année suivante. Dans ce contexte cultural, un maïs qui produit sa propre source d'azote possède un avantage compétitif certain.

Diversité des panicules au sein des populations métissées de maïs

Population métissée de maïs résistante à la prédation des mammi-
fères

Chapitre 14 : Légumineuses

Les légumineuses*[1] représentent une excellente source de protéines végétales. En tant que légumes secs, elles affichent une modeste productivité et nécessitent davantage de main-d'œuvre que d'autres cultures mais elles procurent une source de protéines difficiles à obtenir à partir des autres plantes du potager. De plus, les légumineuses peuvent également se consommer fraîches ou pour leurs feuilles.

Les différentes légumineuses se retrouvent dans des écosystèmes extrêmement variés. Je veille à en cultiver autant d'espèces que possible. Cela diminue la probabilité qu'un ravageur, une maladie ou un aléa climatique les anéantissent toutes au cours d'une même saison. Faire pousser de multiples espèces renforce considérablement la sécurité alimentaire.

Hybride de haricot d'Espagne et de haricot commun

Haricot d'Espagne Scarlet Runner

Les pois[2], les lentilles, les fèves et féveroles[3], les lupins[4] et les pois chiches préfèrent les températures fraîches et peuvent résister au gel, voire même survivre en terre pendant l'hiver. En revanche,

---

1   Fabaceae (anciennement Leguminosae)
2   Pisum sativum
3   Vicia faba ssp. major, Vicia faba ssp. Equina et Vicia faba ssp. minor
4   Les lupins (également appelés des « tramousses ») comprennent 3 espèces distinctes : Lupinus albus, une espèce originairement prédominante dans le bassin Méditerranéen (également appelée « lupin doux » ou « lupin blanc »), Lupinus mutabilis, une espèce originairement prédominante en Amérique du Sud (également appelée « chocho » ou « tarwi ») et Lupinus angustifolius originairement prédominante en Afrique du Nord (également appelée « lupin bleu » ou « lupin à feuilles étroites »).

les haricots communs[5], les haricots tépari[6], les haricots niébés[7], les haricots de Lima[8] et le soja prospèrent mieux par temps chauds (même s'il existe certaines variétés de haricots communs et de haricots tépari qui tolèrent le gel). Les haricots d'Espagne[9] s'épanouissent dans les régions côtières possédant un écosystème maritime. Ils peuvent, dans certaines régions, devenir pérennes.

Potentiel de croisement

Les légumineuses* ont tendance à s'autopolliniser. Leur taux de croisement varie de 1% à 30%, en fonction des espèces et des environnements. Leur culture dans des écosystèmes particulièrement sains, comprenant une diversité accrue de plantes et d'insectes, favorise des taux de croisement plus élevés. Mélanger les différentes variétés ensemble et les semer à proximité rapprochée les unes des autres augmente également leur taux de croisement.

Une méthode simple pour repérer les hybrides naturels* au sein des haricots communs consiste à cultiver des variétés naines à côté de variétés à rames. Au fil des années, si certains descendants des haricots nains commencent à grimper, il s'agit d'hybrides, issus d'un croisement avec les haricots à rames. Environ un quart de leur deuxième génération redeviendra des haricots nains.

On peut semer des haricots à fleurs blanches à côté de ceux à fleurs colorées. À la génération suivante, si des fleurs colorées apparaissent dans la zone à fleurs blanches, il s'agit d'hybrides naturels. Andy Breuninger m'a par exemple donné un hybride interspécifique* qu'il a créé, dans l'État de Washington, en croisant manuellement des haricots communs (comme mères) avec des haricots d'Espagne Scarlet Runner (comme donneurs de pollen). Les descendants ont hérité de fleurs rouges, comme leur père, mais d'un ton légèrement plus fade que celles des Scarlet Runner d'origine.

Pendant la phase de germination, les haricots communs développent leurs cotylédons* en hauteur, à une certaine distance du sol, tandis que ceux des haricots d'Espagne restent enfouis sous

---

5   Phaseolus vulgaris
6   Phaseolus acutifolius
7   Vigna unguiculata. Également appelée « Niébé » au Sénégal et « Katché » ou « Toura » au Bénin.
8   Phaseolus lunatus
9   Phaseolus coccineus

terre. Les cotylédons de leurs hybrides poussent à ras du sol ou sous terre. On pourrait exploiter ce caractère pour les identifier.

Lorsqu'une rangée de haricots communs pousse à côté d'une rangée de haricots d'Espagne, cela peut donner lieu à une pollinisation croisée* occasionnelle. Le·la jardinier·ère ou le·la paysan·neattentif·ve pourra repérer ces hybrides spontanés* et les replanter en priorité lors des saisons suivantes.

Plusieurs ami·e·s et collaborateur·trice·s m'ont fait parvenir des graines de haricots issues de tels croisements naturels. Dave, par exemple, cultive dans l'Oregon diverses variétés de haricots en lignée pure. Il les sème séparément sur des planches distantes d'environ 1 mètre les unes des autres. Il a observé la présence d'environ 1% d'hybrides spontanés parmi eux. Il les identifie à leur couleur différente de celle attendue au sein de leurs semblables. Sa femme, qui n'aime cuisiner qu'avec des variétés pures, les trie et les retire de ceux qu'elle prépare en cuisine. J'ai ainsi hérité d'un bocal d'un demi-litre d'hybrides de haricots que j'ai pris grand plaisir à cultiver. J'ai constaté une grande diversité parmi leurs descendants.

Dans l'État de New York, Tim Springston a repéré des hybrides apparus spontanément au sein de ses haricots à rame cultivés parmi ses maïs. Il m'en a transmis des graines. J'ai gardé et ressemé le quart de leurs descendants devenus nains. J'ai mangé les autres. J'ai également découvert parmi eux un haricot d'une couleur magnifique que j'ai gardé à part. Étant donné le mode de reproduction fortement autogame* des haricots communs, j'ai pu aisément le séparer de sa population d'origine et le maintenir en tant que cultivar* pur.

Dans mon village, Tim Morrison me garde également les hybrides naturels* qu'il récolte. Je les sème tous et sélectionne ceux qui me plaisent le plus parmi eux. J'aime constamment faire tourner la roue de la loterie génétique. Plus je sème de graines susceptibles de se croiser, plus je brasse leurs patrimoines, plus j'ai de chances de générer des graines parfaitement adaptées à mon environnement.

Fèves et féveroles

La culture des fèves et féveroles s'avère un vrai bonheur. Leur taux de croisement peut s'élever aux alentours de 30 %. Les bourdons passent beaucoup de temps sur leur fleurs. La pollinisation croisée naturelle* maintient leur diversité.

La première fois que j'en ai semé, je ne savais rien de leur culture. Les considérant comme une sorte de « haricots », je les ai plantés aux côtés des autres haricots, au pic de la saison chaude. Leur floraison m'a surpris par son abondance. Les fourmis ont bien vite commencé à élever des pucerons sur leurs feuilles. Au bout du compte, ces fèves et féveroles n'ont pas produit une seule graine. Intrigué, j'ai entrepris d'en apprendre

Fèves et féveroles

davantage sur cette culture. J'ai ainsi découvert que leurs fleurs devenaient stériles à partir d'une certaine température.

A présent, je sème les fèves et féveroles au début du printemps, généralement vers la troisième semaine de mars, dès que le sol dégèle. Je les fais souvent préalablement tremper dans l'eau pendant toute une nuit, afin de favoriser une germination plus rapide. Plus elles démarrent leur croissance tôt dans la saison, plus elles peuvent fleurir par temps frais et produire une abondance de graines.

Résistants au froid jusqu'à environ -12°C , les plants de fèves et féveroles survivent à l'hiver dans les régions au climat doux ou océanique. Je recommande donc aux personnes vivant dans ces régions de les semer à l'automne.

Chaque année, j'expérimente la plantation d'un mélange de fèves et féveroles à l'automne. Le moment précis choisi pour l'ensemencement revêt une importance cruciale. J'ai obtenu les meilleurs résultats en semant les graines un jour ou deux avant que le sol ne se recouvre de neige pour l'hiver (début novembre). Les jeunes plants gèlent pendant l'hiver mais leurs graines subsistent sous terre. Elles commencent à germer quelques semaines plus tôt que celles semées au printemps.

Chaque automne, de nombreuses fèves et féveroles germent spontanément dans mon jardin. Bon nombre de ces plants meurent à l'approche de l'hiver. Certains survivent jusqu'au printemps, avant de succomber. Je les observe attentivement. J'anticipe le moment où certains finiront par survivre dans cet environnement considérablement plus froid que leur écosystème de prédilection.

Repousser les limites du possible et observer avec curiosité les plantes qui parviennent à survivre et prospérer représente l'essence même de la sélection des semences paysannes métissées*.

Haricots communs

Les haricots communs présentent un taux de croisement variant de 0,5 à 5 %. J'encourage activement ces croisements en plantant les différentes variétés ensemble et les graines aussi rapprochées que possible les unes des autres. Je surveille l'apparition d'hybrides naturels* dont je privilégie la multiplication par rapport aux autres semences non croisées.

Chaque automne, je procède au tri des haricots communs. Je sélectionne approximativement le même nombre de graines de chaque phénotype* à ressemer à la saison suivante. Le petit haricot rose et les haricots Pinto s'épanouissent particulièrement bien dans mon jardin. Si je ne maintenais pas une répartition égale entre les différents types de haricots, ils finiraient par totalement dominer la population de haricots.

Je sélectionne ma récolte uniquement en fonction du phénotype* des graines. Un tas avec tous les gros haricots blancs regroupera tous les haricots porteurs des gènes de grosses graines blanches. Ces haricots présenteront cependant une diversité génétique en ce qui concerne le reste de leurs caractères.

Je cultive des haricots principalement pour travailler à leur sélection et pouvoir les partager avec d'autres. Je cherche donc à maintenir un maximum de diversité en leur sein. Si je les cultivais pour ma consommation personnelle, je sèmerais les graines en vrac, laissant les variétés les plus productives dominer.

Haricots tépari

Les gens me traitent d'irresponsable pour oser cultiver des haricots tépari. Ces derniers, croient-ils m'apprendre, pourraient propager un virus susceptible d'éradiquer les haricots communs.

Si un haricot s'avère vulnérable à un virus, il en succombe. On trouvera nombre d'autres familles de haricots capables d'y résister.

Pendant une décennie, j'ai cultivé côte à côte des haricots tépari et des haricots communs et il semblerait que les haricots ont trouvé un moyen de régler ce problème de virus depuis bien longtemps !

Cuisson

Les graines en général, et les haricots en particulier, contiennent de nombreux anti-nutriments. Les méthodes culinaires traditionnelles comprennent généralement un long trempage préalable des légumineuses* suivi d'une cuisson à haute température. Ce processus de trempage, de rinçage et de cuisson intense contribue à diminuer la présence de ces anti-nutriments.

Je peux déceler la présence de toxines dans les haricots. Elles dégagent un goût médical que j'évite d'instinct. Dans une moindre mesure, cela s'avère également le cas pour les cosses de haricots verts. Je fais donc en sorte de bien les cuire avant de les consommer. Je préfère la cuisson des haricots à l'autocuiseur ou en friture dans de l'huile chaude plutôt que dans une casserole d'eau portée à ébullition. Je me demande si les maux d'estomac dont beaucoup se plaignent après la consommation de haricots ne pourraient pas venir du fait que le mode de cuisson utilisé n'a pas désactivé leurs toxines.

Les cosses de haricots tépari et de haricots de Lima ont un goût particulièrement désagréable. Je préfère donc éviter d'en manger. Je fais confiance à mes organes de primate, qui ont évolué pour détecter les plantes inaptes à la consommation.

Parce que les méthodes de cuisson traditionnelles réduisent ces toxines, je n'ai pas basé ma sélection des haricots sur l'élimination de telles substances. Je pourrais systématiquement pré-tremper les graines pour les goûter avant de les semer. Je me contente généralement d'en goûter quelques-unes crues, par simple curiosité. Ces graines ont un goût plus ou moins toxique, variant énormément de l'une à l'autre.

Parfois, les gens me préparent des crêpes à base de farine de pois chiches obtenue en broyant des pois chiches crus. Le goût des toxines me gâche le plat ! La méthode de cuisson traditionnelle des pois chiches pour la fabrication des falafels, par exemple, implique de multiples étapes. Ils subissent d'abord un long pré-trempage dans l'eau, suivi d'une cuisson sous pression. Ils se font ensuite écraser et frire dans l'huile sous forme de boulettes. Moudre les pois chiches crus et tout juste les faire chauffer dans une crêpe ne suffit pas à en désactiver les toxines.

J'aime cuire les graines de haricots à l'autocuiseur. Les températures y atteignent des niveaux suffisamment élevés pour neutraliser rapidement et intégralement les toxines. Dans ma cuisine, du fait de la haute altitude, ce mode de cuisson permet également aux haricots de devenir moelleux beaucoup plus rapidement.

Les lupins demeurent les légumineuses* les plus toxiques que j'ai goûtées. Leur préparation implique un pré-trempage de deux semaines, avec un changement d'eau trois fois par jour. Une méthode alternative consiste à les plonger dans l'eau courante pendant une semaine.

Les mijoteuses peuvent parfois ne pas atteindre des températures assez élevées pour neutraliser les toxines présentes dans les haricots. Je vous conseille donc d'éviter de les utiliser pour leur cuisson. Cependant, ces appareils s'avèrent très utiles pour réchauffer des haricots préalablement cuits par d'autres méthodes.

Voici ma méthode de cuisson des pois et haricots :

• Rincer et trier (nul besoin de cuisiner des cailloux !)

• Faire tremper dans l'eau froide de 8 à 36 heures en prenant soin de changer l'eau et de rincer les pois/haricots toutes les 4 à 8 heures. Je commence généralement à faire tremper les haricots le matin, pour les cuire le lendemain.

• Faire bouillir à gros bouillon pendant 10 minutes. Éteindre le feu. Couvrir et laisser reposer pendant une heure. Rincer.

• Combiner avec les autres ingrédients et faire cuire jusqu'à ce que les haricots ou pois deviennent tendres.

Chapitre 15 : Famille des cucurbitacées

Les Cucurbitacées*[1] qui inclut notamment les melons et pastèques, les courges ainsi que les concombres et les gourdes[2] ont une tendance naturelle à l'allogamie. Tous les membres de cette famille présentent des fleurs mâles et femelles distinctes, sur la même plante. Les abeilles transportent le pollen d'une fleur à l'autre. En raison de leur taux élevé de pollinisation débridée*,

Pastèque à chair jaune

cette famille de légumes s'avère un choix particulièrement judicieux pour ceux et celles qui commencent à explorer la conservation des graines et le métissage des semences paysannes.

Pastèques

Je sélectionne les pastèques dotées d'une chair jaune car la substance chimique responsable de la couleur rouge des pastèques[3] donne aux fruits un goût amer. Cela me permet de cultiver des pastèques avec une plus faible teneur en sucre offrant néanmoins un profil gustatif plus sucré du fait de l'absence d'amertume sousjacente.

Courges pepo

L'espèce des courges pepo[4] comprend : les courgettes ordinaires, les courgettes Cou Tors[5], les courges-glands[6], les courges Delicata, les courges Jack O'Lantern et les coloquintes[7]. Les courges pepo figurent parmi les premières courges d'hiver à arriver

---

1   Cucurbitaceae
2   Également appelées « calebasses ».
3   (ainsi que des tomates à chair rouge).
4   Cucurbita pepo
5   Courgettes Cou Tors (aussi écrit « Coutors ») : (En anglais, Yellow Crookneck) Également appelées « courgette/courge à col Crookneck ».
6   Courges-glands : également appelées « courges Acorn ».
7   Coloquintes : courges principalement utilisées en décoration du fait de leur plus grande toxicité.

à maturité. On les consomme fréquemment comme courges d'été[8].

Les coloquintes, plus directement apparentées à leur ancêtre sauvage que les autres types de courges, peuvent contenir des toxines au goût désagréable. Je déconseille donc de les inclure dans les projets de métissage, à moins que vous ne soyez prêt·e à faire l'effort de les goûter une à une pour détecter et éliminer celles qui contiennent des substances nocives.

Grex de courges-glands et de courges Delicata

Pendant de nombreuses années, j'ai refusé de cultiver les courges d'hiver de type pepo[9]. Leur goût me soulevait le cœur. La plupart ont une chair pâle presque blanchâtre, dépourvue des caroténoïdes qui confèrent aux aliments cette saveur particulière que j'aime tant.

J'ai cependant fini par céder pour répondre aux demandes des consommateur·trice·s. J'ai suivi ma méthode habituelle consistant à goûter chaque courge, à chaque génération, avant d'en préserver les graines. A présent, je ne me plains plus d'avoir à goûter les courges d'hiver pepo. On récolte ce qu'on sélectionne : j'ai personnellement privilégié d'année en année une meilleure saveur et une couleur plus vive de la chair.

Je cultive un grex*[10] de courges Delicata et de courges-glands. Si je cherchais à préserver en priorité leurs formes spécifiques, je pourrais les semer comme des lignées soeurs avec les courges Delicata à un bout du rang et les courges-glands à l'autre. Cependant, mes critères de sélection reposent uniquement sur la saveur et la couleur de la chair. La forme ou la teinte de la peau m'importe peu.

---

8   Courges d'été de type pepo* : par exemple les courgettes et les courgettes à Cou Tors.

9   Courges d'hiver de type pepo : par exemple les courges Delicata et les courges-glands.

10 En anglais, hybride swarm

Je cultive également des courgettes jaunes Cou Tors. Je souhaite fixer deux de leurs caractères : le col légement coudé et la peau jaune. Tous les autres traits peuvent varier.

En ce qui concerne les courgettes classiques, je veille à préserver l'aspect long et mince des fruits. La couleur de leur peau quant à elle, peut varier, allant du vert foncé au vert clair, en passant par le jaune, le beige, le blanc ou les rayures. Je sélectionne également des plantes buissonnantes plutôt que coureuses.

Les courgettes cueillies à maturité[11] pour leurs graines peuvent

Population métissée de « courges à moelle »

se consommer en tant que courges d'hiver au goût passable. Elles se dénomment alors des « courges à moelle »[12]. Je sélectionne actuellement ces courges pour une meilleure saveur et une plus grande facilité de découpe.

Courges moschata

La famille des courges moschata*[13] à la réputation de résister plus efficacement aux maladies et ravageurs que celle des courges pepo* et maxima*. Les courges moschata possèdent des tiges et pédoncules* robustes qui leur permettent notamment de lutter contre les foreurs[14] de la vigne. Elles conservent une excellente qualité de stockage pendant plusieurs mois. D'une saveur plus flatteuse que les pepo, leur goût demeure cependant inférieur à celui des courges maxima.

L'année où j'ai commencé le métissage des moschata, 75% des variétés que j'ai planté dans le cadre de ce projet n'ont pas réussi à produire de fruits à l'issue des 88 jours de la saison de croissance.

---

11 Les courgettes classiques, telles que celles qu'on achète sur les marchés, n'ont pas fini de mûrir. On les cueille précocement pour préserver leur goût frais et leur texture croquante. Quand on décide de sauvegarder ses propres graines de courgettes, on doit les laisser arriver à maturité. Elles grossissent énormément, leur chair devient filandreuse et la cavité centrale contenant les graines occupe une plus grande proportion du fruit.

12 En anglais, marrow. Elles se consomment notamment en Angleterre.

13 Cucurbita moschata

14 Foreur de la vigne : ravageur également appelé « perceur de vignes ».

Population métissée de courges Mo-schata Lofthouse

J'ai récolté et stocké les fruits immatures des variétés qui en avaient produit. Je les ai laissé mûrir pendant plusieurs mois avant d'en récolter les graines à replanter. Dès la troisième année, une abondance de fruits a mûri en 84 jours !

J'ai ensuite semé ensemble les semences des courges Moschata* aux formes de courges Doubeurre[15], de courges à long cou et de citrouilles rondes. Ces courges, en se croisant entre elles, ont donné naissance à une progéniture aux formes et tailles variées. Au marché, les consommateur·trice·s les ont accueillies avec méfiance. Nombre d'entre eux·elles n'avaient jamais vu de courge Doubeurre de forme ronde auparavant !

Mes client·e·s ont rapidement compris que tout ce que j'apportais au marché avait un goût fabuleux, indépendamment de la forme, de la couleur ou de la taille des légumes. Iels ont particulièrement aimé les courges à long cou. J'ai par conséquent privilégié la culture des graines produisant ce phénotype*. Environ 90% de mes courges donnent désormais des courges à long cou, tandis que 10% ont une forme de citrouilles. Cette approche garantit la dominance du phénotype à long cou tout en préservant la diversité génétique. Précédemment dans cet ouvrage, j'ai évoqué que les semences paysannes métissées faisaient partie intégrante des communautés et collectifs au sein desquelles elles évoluaient. J'ai découvert cette notion à cette occasion.

Ceux·celles qui achètent mes semences m'ont fait part de leur intérêt pour des courges de taille plus modeste. J'ai donc commencé à préserver, d'année en année, les graines issues des fruits les plus petits. Je les ai cultivés dans un champ distinct. Ces courges ont fini par peser moins de 225 grammes. Je ne les aimais pas. Elles se conservaient mal. Il manquait à leurs petites graines l'énergie nécessaire pour soutenir une croissance rapide. Les plantes naines

---

15   Courge Doubeurre : également appelée « courge Butternut ».

manquaient de vigueur. Je n'ai donc pas jugé opportun d'en partager les graines avec quiconque.

Une variété doit d'abord séduire les cultivateur·trice·s qui vont la cultiver avant qu'une communauté ou qu'un collectif puisse l'adopter. En tant que paysan pratiquant une agriculture vivrière*, je considère que les courges de plus grande taille fournissent une quantité de nourriture plus importante avec le même effort et la même surface de culture. Par conséquent, je vise à développer des populations de courges dont les fruits pèsent entre 2 et 7 kilogrammes.

Courges maxima

J'adore les courges maxima*[16] ! Elles allient une croissance vigoureuse, un goût sucré et savoureux, un temps de maturation rapide et une fabuleuse productivité. Elles produisent de surcroît une abondance de caroténoïdes. De plus, leur durée de conservation moyenne varie de trois à cinq mois.

Les courges maxima possèdent des pédoncules* légers et poreux ainsi que de grosses tiges juteuses qui attirent et font le bonheur des foreurs de la vigne qui y enfouissent leurs larves. Ce type de courges succombe aux virulentes attaques de ces ravageurs dans diverses régions du continent américain. Dans les endroits infestés, les gens n'essayent même plus de les cultiver pour éviter d'avoir à livrer bataille contre ces ravageurs.

Pourrait-on trouver un moyen de combiner le goût merveilleux des maxima avec la résistance aux foreurs de la vigne des moschata* ?

En général, les différentes espèces* de courges les plus courantes ne s'hybrident pas spontanément entre elles : je n'ai trouvé qu'un seul hybride naturel* de ce type en l'espace de 12 ans. Et je cultive des milliers de courges chaque année !

Toutefois, une astucieuse équipe de sélectionneur·se·s japonais·e·s a créé un hybride entre l'espèce maxima et l'espèce moschata appelé Tetsukabuto[17]. J'ai personnellement cultivé cette variété dans ma parcelle de courges. J'ai noté que les fleurs mâles de Tetsukabuto se fanaient avant de produire du pollen. Dans mon jardin,

---

16 Cucurbita maxima
17 Voir l'annexe pour une liste de sites internet permettant de se procurer des graines ou porte-greffes de Tetsukabuto.

les autres courges ont réussi à fournir le pollen nécessaire pour que les abeilles puissent assurer leur pollinisation.

J'ai ressemé les graines ainsi obtenues. La première année, mon objectif visait à sélectionner des plantes permettant de rétablir la fertilité de cette population. Les années suivantes, j'ai consacré mes efforts à la sélection de plantes dotées à la fois du goût savoureux des maxima* et des tiges fines et robustes[18] des moschata*. J'ai dénommé cette population Maximoss. Les retours de producteur·trice·s provenant de régions infestées indiquent que ces courges s'avèrent résistantes aux foreurs de la vigne. J'espère que cela inspirera d'autres personnes à répliquer ce type de travail.

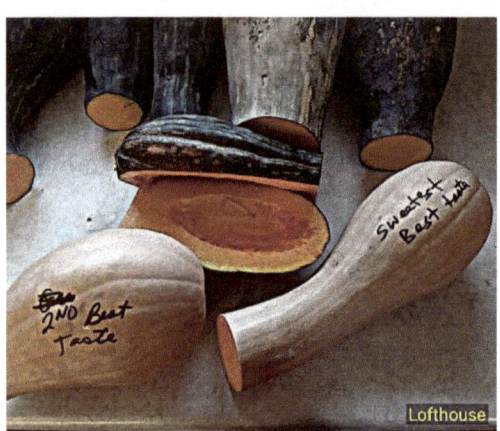

Sélection des meilleurs courges en terme de goût

J'ai également sélectionné des fruits de forme similaire à celle des courges Doubeurre. J'ai baptisée cette lignée Moschamax. Certains de ses descendants ont hérité de la peau orange des courges maxima. Je n'en ai pas encore découvert qui marient à la fois le goût savoureux des maxima et la forme typique des courges Doubeurre. Si je me résolvais à réaliser des croisements manuels* entre des parents spécialement choisis à cet effet, je pourrais faciliter ce processus de sélection.

Goût

Avant de conserver les graines de mes courges, je prends le temps de toutes les goûter[19], en testant leur saveur aussi bien crue et cuite.

---

18   Afin de leur conférer une meilleure résistance à l'encontre des foreurs de la vigne.

19   Pour ce faire, j'aligne, dans ma cuisine, 16 courges à la fois sur mon plan de travail. Je découpe une tranche de chacune d'entre elles. J'en prends une bouchée crue avant de la disposer dans une poêle, dans le même ordre que celui des courges sur le plan de travail.

Lors de ces dégustations, je vérifie également les capacités de stockage de chacune d'entre elles. J'évalue leur facilité de découpe et d'épluchage. Je prends en considération leur parfum. J'observe leur couleur. Si une courge ne me plait pas, elle finit chez les poules. Je conserve uniquement les graines de celles qui me satisfont à tout point de vue.

Chaque année, la teinte orange de mes courges gagne en intensité et en profondeur. Les caroténoïdes enrichissent de plus en plus leurs saveurs. Je trouve chaque nouvelle génération encore meilleure que la précédente !

Cuisson

Toutes les espèces de courges, même celles dites d'hiver, peuvent se consommer avant leur maturité, comme des courgettes, tant que leur peau et leur chair demeurent tendres. Une fois cuite, je les aime toutes. Ma préférée demeure cependant la courge Cou

Dégustation de plusieurs courges à la fois

Tors, du fait de son taux élevé en carotène. Je les prépare sautées à la poêle avec un peu d'huile, jusqu'à ce que le dessus caramélise. Je les assaisonne simplement de sel et de poivre. En revanche, je n'aime pas les faire bouillir ni les cuire à la vapeur. Cela leur donne une consistance pâteuse qui me soulève le cœur. Je congèle également de la courgette râpée pour ma mère afin qu'elle puisse en avoir pour l'hiver. Elle aime en ajouter dans les gâteaux et les cookies.

Je prépare les courges d'hiver de manière similaire. Je les tranche en disques d'environ un centimètre d'épaisseur. Je les fais ensuite sauter à la poêle avec un peu d'huile jusqu'à ce qu'elles deviennent tendres. Une méthode particulièrement amusante avec les courges aux longs cous car elles produisent des ronds parfaits ! J'ai délibérément sélectionné mes courges aux longs cous pour qu'elles aient une peau tendre. Cela facilite leur épluchage à l'aide d'un épluche-légumes et permet même de les déguster avec la peau.

Courge à long cou coupée en rondelles

Je prépare également les courges d'hiver au four, en les faisant cuire à 180°C pendant environ une heure, jusqu'à ce qu'elles atteignent la consistance souhaitée. Je les fais cuire coupées en deux ou en frites. Lorsque je les découpe en frites, je les enrobe d'huile avant la cuisson.

J'écrase tous mes restes de courges en purée que je congèle. Je fais également des conserves de courges dans des bocaux d'un litre. J'utilise la purée et les conserves comme garniture pour les tartes à la citrouille maison. Ces conserves artisanales ont une magnifique couleur dorée et une saveur délicate. Rien à voir avec la masse brunâtre informe des conserves industrielles de citrouille !

Je prépare mes repas avec une touche de musique, un pas de danse et un cœur joyeux, rayonnant de gratitude. Je crois que ça influence le goût de ce que je prépare. Cette approche transforme en tout cas ma relation avec la nourriture : chaque bouchée que j'ai bénie d'attention bienveillante me pousse à prendre davantage soin de moi.

Julia Dakin avec ses courges issues de ses semences paysannes mé-
tissées

Population métissée de melons cultivée par Julia dans un climat
côtier et frais

Chapitre 16 : Céréales

La culture et le stockage des céréales ont joué un rôle essentiel dans l'émergence des civilisations. Ces plantes, relativement simples à cultiver, peuvent se récolter grâce à des outils et techniques rudimentaires. Leur rendement élevé, leur richesse calorique et leur capacité de stockage sur de longues périodes ont facilité la centralisation de la production alimentaire. Cette centralisation a permis de se consacrer à d'autres activités telles que l'alphabétisation, les arts, la science, la musique, l'extraction minière, la construction, l'industrialisation, le commerce et la politique.

La remarquable productivité des céréales perdure encore de nos jours. Elle peut permettre à ceux.celles qui les cultivent d'échapper à la centralisation. Les céréales détiennent un immense pouvoir, pour le meilleur comme pour le pire. On peut les utiliser comme une force de libération ou d'aliénation au système.

Une heure de travail modéré me permet de récolter une quantité de céréales suffisante pour me nourrir pendant une semaine. Une année de récolte de céréales ne nécessite qu'une semaine de travail. Le processus de plantation et d'entretien des plants de céréales se limite, quant à lui, à une semaine de travail supplémentaire maximum. Les céréales, déficientes en vitamines, ne fournissent cependant pas, à elles seules, une nutrition équilibrée.

Culture des céréales

Je pratique une agriculture vivrière* et biologique, privilégiant un système à faible niveau d'intrants[1]. Cette approche influence le choix des céréales que je cultive. Je favorise celles qui atteignent environ 1 mètre de haut pour éviter de devoir me pencher lors de la récolte. De plus, ce type de céréales surpasse les adventices*, réduisant ainsi le travail de désherbage. Elles ont en revanche tendance à s'affaisser sous leur propre poids. Je ne récolte donc pas les graines des plantes couchées au sol afin de favoriser la sélection de celles naturellement résistantes à la verse.

Depuis 12 ans que je cultive mon champ actuel, je n'ai utilisé ni pesticides, ni herbicides, ni engrais, ni même de compost ou de fumier. Je cherche à maintenir une approche agricole indépendante

---

1   Système à faible niveau d'intrants : (également appelée une « production agricole à Bas Niveau d'Intrants (BNI) »). Agriculture nécessitant un faible apport (voire une absence totale) en engrais et/ou en produits phytosanitaires au cours de son cycle de production.

des grandes multinationales et des produits qu'elles commercialisent. Je sélectionne les plantes qui arrivent à prospérer dans mon jardin en dépit des défis que posent le sol, le climat, les maladies, les ravageurs et les prédateurs. Ces mêmes plantes, cultivées dans un champ amendé avec du fumier, ne feraient que s'épanouir encore davantage.

Le seigle de Cache Valley, naturalisé* dans mon écosystème, pousse le long des routes, sur les collines et dans des zones non entretenues. Il prospère sans nécessiter d'irrigation. Il profite des pluies automnales pour s'établir avant de passer l'hiver en terre. Il arrive même à pousser sous la neige !

Au printemps, il surpasse les adventices en s'établissant aux alentours de 1 à 1,20 mètre de haut dans les zones non irriguées. Dans les champs irrigués, sa croissance peut même atteindre 1,80 mètre. Il s'agit d'une culture capable de se ressemer automatiquement et sans labour. Il y a suffisamment de zones sauvages pour nourrir quiconque qui souhaiterait en récolter les graines.

Quel merveilleux système de culture ! Les pluies hivernales fournissent l'eau nécessaire à la croissance de cette céréale. Cette dernière évite ainsi la concurrence des adventices en poussant pendant leur période de dormance. Au printemps, je n'ai qu'à effectuer quelques passages de râteau pour éliminer les jeunes plantules d'adventices encore fragiles, sans perturber celles de céréale.

Dans ma région, l'avoine succombe généralement aux gelées hivernales. Certaines années, quelques plants survivent. D'autres années, ils périssent tous. De plus, même les populations d'avoine nue[2] que je cultive produisent un certain pourcentage de grains entourés d'une enveloppe qui persiste après le battage*. Cela rend leur consommation désagréable. Je travaille donc à la sélection d'avoine à grain nu prêt à la consommation sans nécessiter de battage supplémentaire. Une fois ce caractère fixé, je pourrais envisager de sélectionner cette avoine pour qu'elle résiste au froid.

De nombreuses variétés de blé survivent l'hiver de manière fiable dans mon climat. Le blé de mon arrière-arrière-grand-père se cultivait d'ailleurs en tant que blé d'hiver[3] non irrigué.

Lorsque je travaille sur des petites quantités de céréales et que je les espace à environ 30 cm les unes des autres, chaque plante gé-

---

2 Avoine nue* : se distingue des autres variétés d'avoine par le fait qu'elle possède soit une absence d'enveloppe protectrice autour de la graine, soit une enveloppe protectrice fine et mince qui se détache facilement lors du battage*, permettant une récolte plus aisée.

nère de nombreuses talles[4] et produit jusqu'à 350 graines. J'utilise cet espacement généreux quand je cherche à multiplier mes graines rapidement.

Moisson

Je récolte et nettoie mes céréales à l'aide d'un sécateur, une bâche, un bâton, des gants, des seaux et mes pieds. Il ne s'agit là que d'une liste indicative que chacun·e pourra adapter en fonction de ses propres ressources et besoins. Ce mode de moisson non mécanisé m'évite d'avoir à me soucier de l'uniformité des dates de maturité.

La facilité avec laquelle les grains se séparent de l'épi, lors du battage* à la main, représente pour moi un critère de sélection important. Je sélectionne également mes céréales pour une excellente résistance à l'égrenage*[5] dans les champs, ce qui m'autorise une plus grande fenêtre de récolte. Ma principale considération en termes de sélection reste cependant la précocité. En effet, les céréales à maturation plus longue s'avèrent plus vulnérables aux vents, aux pluies, aux maladies et aux prédateurs.

J'aime la diversité génétique de mes céréales parce qu'elle limite à quelques plantes isolées les dommages que peuvent leur infliger un ravageur ou une maladie plutôt que de décimer l'ensemble d'un champ.

Pour récolter mes céréales, je saisis une poignée d'épis dont je coupe la tige à l'aide d'un sécateur ou d'un couteau en marchant le long des rangs. Je les jette sur une bâche et leur saute dessus gaiement ou les frappe à l'aide d'un bâton pour séparer les grains de l'épi. Une fois le battage terminé, je verse les grains d'un seau à un autre, utilisant le vent pour les séparer des impuretés. Cette opération se dénomme le vannage*. Pour faciliter ce processus, on peut également utiliser un morceau de tamis grossier, une passoire ou

---

3   Blé d'hiver* : type de blé semé à l'automne qui passe l'hiver sous forme de plantule, avant de reprendre sa croissance au printemps, pour atteindre sa maturité pendant l'été.

4   Talle : touffe de pousses ou de tiges émanant de la base d'une plante comme le blé, l'orge ou l'avoine. Chaque talle peut potentiellement produire une ou plusieurs tiges porteuses de grains.

5   Égrenage* : dans le contexte de la culture des céréales, chute prématurée des grains des plantes avant la récolte, ce qui entraîne une perte de rendement.

un râteau avant le vannage pour séparer la majorité de la paille, en particulier les plus gros morceaux, des petites graines.

Pour mes cultures de céréales, je sélectionne des plantes qui poussent à peu près jusqu'à hauteur de hanche. Cela me permet de les récolter facilement sans avoir à me baisser. Pour certains types de céréales, il suffit d'empoigner les épis et de tirer pour les séparer de la tige. J'aime porter des gants et des chaussures pour y procéder, car les pailles pointues peuvent irriter ou blesser la peau.

Travail de sélection

Aux Etats-unis, la Rocky Mountain Seed Alliance organise la culture expérimentale de différentes variétés de céréales anciennes*[6]. Avec les membres de cette organisation, nous collectons, cultivons et multiplions ces variétés. Nous travaillons en collaboration avec des gardien·ne·s de semences, des jardinier·ère·s, des paysan.ne·s, des chef·fe·s cuisinier·e·s et des boulanger·e·s pour mener à bien ce projet. J'y avais initialement pour mission de multiplier quelques grammes de graines pour en obtenir près d'ıkg. J'ai réussi à cultiver avec succès du blé, de l'orge, du seigle et de l'avoine. Malheureusement, je n'ai pas eu de succès avec le millet. Je n'ai pas non plus apprécié la propension désagréable de l'avoine à l'égrenage*. Cela m'a dissuadé de me porter volontaire pour continuer sa culture.

Après quelques années, mes champs ont été envahis par les céréales qui avaient réussi à se ressemer spontanément. Cela m'a empêché de faire des cultures « en lignée pure » pour ce projet. En conséquence, nous avons lancé à la place des projets de populations métissées de blé et d'orge. Pendant que je testais et multipliais différentes variétés de ces 2 espèces, d'autres jardinier·ère·s faisaient de même, en parallèle. Lee-Ann Hill, cheffe de projet, a ainsi pu m'envoyer environ 16 variétés de chacune de ces deux espèces, reconnues pour leur adaptation aux montagnes Rocheuses. J'ai également inclus quelques-unes de mes variétés préférées, notamment le blé cultivé par mon arrière-arrière-grand-père.

Le blé et l'orge présentent chacun un taux d'hybridation d'environ 10% dans les climats secs. Ce taux s'avère moins élevé dans les

---

6   Variétés anciennes de céréales* : se réfère souvent à des populations plus que des variétés de céréales développées et cultivées par les paysan·ne·s pendant des siècles, avant l'avènement de l'agriculture moderne et de l'industrialisation.

climats humides. Nous avons délibérément mélangé toutes les variétés de chacune de ces deux espèces ensemble afin de favoriser la pollinisation croisée* au sein de ces populations respectives. Elles ont toutes deux prospéré, semées au printemps.

Occidental Arts and Ecology, une organisation qui se trouve sur la côte californienne, m'a également expédié des graines d'environ 2000 variétés différentes de blé. Je les ai toutes semées en mélange dans le même champ, le même jour. Du fait de leur provenance, ces semences ne présentaient pas d'adaptation à mes conditions de culture, dans le désert, en haute altitude, au sein des montagnes Rocheuses. La grande majorité des plantes qu'elles ont données n'a pas dépassé la hauteur du genou. Un désavantage, à mon sens, pour moissonner à la main. Cependant, certaines plantes ont poussé de manière robuste et ont réussi à atteindre de grandes tailles. J'ai conservé les graines de ces spécimens et les ai combinées avec celles des variétés anciennes de céréales* que je cultivais dans le cadre de mon projet avec la Rocky Mountain Seed Alliance. Finalement, les graines d'Occidental ont représenté environ 15 % de la récolte totale, bien qu'elles aient constitué près de 60 % des graines semées.

La population* d'Occidental contenait bien plus de diversité que celle de céréales anciennes fournie par la Rocky Mountain Seed Alliance. J'ai cependant abandonné une bonne partie de cette diversité car elle ne répondait pas à mes besoins de paysan. J'ai choisi notamment de ne pas récolter les plantes de petites tailles ni celles qui n'atteignaient leur maturité qu'en fin d'automne. De plus, certaines plantes d'Occidental n'ont pas réussi à produire de semences car elles avaient besoin de passer un hiver en terre avant de fleurir.

J'ai expédié deux lots distincts de ces grex* de blé et d'orge à l'Experimental Farm Network sous l'appellation Blé des montagnes Rocheuses et Orge des montagnes Rocheuses. J'ai également envoyé des graines à la Rocky Mountain Seed Alliance et partagé certaines d'entre elles avec des boulanger·e·s.

Ce grex* de blé m'a donné une grande satisfaction et j'ai pris plaisir à cultiver ses plantes vigoureuses et de grande taille.

L'orge m'a demandé plus de travail. Je n'ai replanté de ce grex que les graines issues des plantes les plus hautes capables de résister, sans se coucher, aux effets du vent et du système d'irrigation. Généralement plus courte que le blé, je souhaitais faire évoluer cette population vers une plus grande taille pour en faciliter la moisson.

J'ai ressemé les graines de blé et d'orge ainsi obtenues. L'apparition de nouveaux phénotypes* et de plantes atypiques dans des groupes de lignées sœurs a démontré que des hybridations avaient eu lieu. J'ai de nouveau récolté ces graines et les ai partagées à la fois avec la Rocky Mountain Seed Alliance et l'Experimental Farm Network.

Étant donné le caractère envahissant du blé et de l'orge dans mon jardin, je sélectionne involontairement ces plantes pour leur rusticité hivernale. Je finirai probablement par cultiver deux lignées sœurs séparées : une population plantée au printemps et une autre plantée à l'automne. Je pourrais aussi semer des graines de mes populations automnales dans les zones naturelles autour de mon jardin et les laisser se débrouiller toutes seules. Dans ma région, nous n'avons pas encore été témoins d'une naturalisation du blé[7]. La plantation d'une diversité suffisante de blés pourrait potentiellement y donner lieu.

Je fais usage du terme « blé d'hiver* » pour signifier que j'ai semé ces graines à l'automne pour qu'elles passent l'hiver sous forme de plantule avant de reprendre leur croissance au printemps et atteindre leur maturité pendant l'été. J'utilise l'expression « blé de printemps* » pour indiquer que j'ai semé ces graines au début du printemps. Il faut noter que certaines céréales exigent une période de froid avant de pouvoir entrer en floraison. Un semis effectué au début du printemps permet d'y satisfaire.

Certaines variétés de blé ne peuvent se cultiver qu'en tant que blé d'hiver ou blé de printemps. La plupart de celles que j'utilise se sèment indifféremment à l'automne ou au printemps. En ce qui concerne l'orge, j'ai tendance en revanche à la considérer comme une culture de printemps.

La génétique du blé présente une complexité notable. Je me contente de semer tous les types de blé que je cultive en mélange, dans le même champ. Je les laisse se débrouiller entre eux.

Certaines variétés ont nettement plus recours à la pollinisation croisée* que d'autres. J'ai observé que ces variétés avaient générale-

---

7   Naturalisation* du blé : quand le blé réussit à s'établir et se propager de manière autonome, en dehors des cultures agricoles, dans les zones naturelles.

ment leurs anthères* situées à l'extérieur du fleuron[8]. La culture de semences paysannes métissées* de blé tend à favoriser des taux de pollinisation croisée progressivement plus élevés.

Céréales vivaces

Je cultive des petites parcelles de blé et de seigle vivaces* issues de variétés nées, selon la tradition orale, d'une hybridation interspécifique* avec les herbes sauvages. L'idée de ne semer qu'une seule fois, sans avoir à perturber le sol par la suite, représente un des charmes de la permaculture. Au départ, je cherchais cependant principalement à sélectionner des espèces de blé et de seigle pour leur rusticité hivernale. À présent, je concentre surtout mes efforts sur l'amélioration de leur facilité de battage*.

Mes stocks de semences provenaient, à l'origine, de Jason Padvorac, qui a écrit :

> De nombreux peuples des collines entretiennent et récoltent des céréales vivaces*, poussant à l'état sauvage. Toute personne souhaitant en savoir plus sur les céréales vivaces ferait bien de se pencher sur le travail et les méthodes des peuples autochtones locaux.
>
> Certaines céréales vivaces ont une durée de vie productive très limitée. Dans le cadre de production commerciale, on les incorpore au sol tous les deux ou trois ans. Cette pratique s'explique également par le fait que le champ évolue souvent vers un écosystème de prairie, reléguant la céréale vivace au second plan. En labourant, les agriculteur·trice·s cherchent ainsi à augmenter le rendement par hectare. Pour les céréales vivaces à durée de vie plus longue, en l'absence d'une gestion appropriée ou de perturbations, elles finissent par s'étouffer mutuellement. Cela a un impact considérable sur la manière de gérer les céréales vivaces et remet même en question la viabilité pratique de l'idée selon laquelle on pourrait « planter une fois sans perturber le sol par la suite ».

---

8   Fleuron de blé : unité florale individuelle située sur l'épi de blé où les processus de reproduction sexuée de la plante se déroulent.

Pour réussir la culture de céréales vivaces sans recourir à des perturbations régulières, nous devons imiter l'écologie des prairies. Les prairies naturelles abritent un mélange harmonieux d'herbes (telles que les graminées) et de plantes herbacées non graminéennes (appelées forbes[9]) qui s'équilibrent mutuellement. Pour garantir qu'un tel mélange contienne une proportion significative des céréales que nous souhaitons cultiver, il faudra à la fois compter sur la chance, posséder une connaissance approfondie du terroir et faire preuve d'une gestion habile. En l'absence de chance, cela exigera un niveau élevé d'expertise et de savoir-faire.

Au fil du temps, les plants de céréales vivaces d'origine mourront, et leurs descendants pérennes devront s'établir. À moins d'avoir de la chance, réussir à maintenir un pourcentage élevé de céréales vivaces dans un tel champ nécessitera probablement une observation attentive de leurs habitudes d'établissement.

Sur des terres naturellement enclines à se transformer en forêt, un entretien minimal implique de faucher, brûler ou pâturer le champ tous les ans afin d'éliminer les ronces et les arbres. Indépendamment du type de terrain, il faut au moins rabattre le chaume au sol, permettant ainsi une circulation adéquate des nutriments et évitant que le chaume sec n'étouffe les jeunes pousses.

En règle générale, si nous cherchons simplement à faire pousser une culture qui nous fournira de la nourriture pendant de nombreuses années, il vaut mieux planter un arbre. Si nous voulons faire pousser des céréales vivaces* sans les labourer tous les deux ans, nous allons en réalité créer un écosystème de prairie. Un écosys-

---

9   Forbes (également écrit « phorbes ») : plantes herbacées non ligneuses qui poussent dans les prairies et les pâturages. Elles comprennent souvent une grande variété de fleurs sauvages, de plantes à feuilles larges et d'autres herbes qui contribuent à la diversité et à l'équilibre écologique des écosystèmes naturels. Exemples de forbes : trèfle, tournesol et asclépiade.

tème représente une entité vivante sophistiquée, différente d'une culture. Non pas qu'il ne vaille pas la peine
de gérer des sources alimentaires au niveau de l'écosystème, mais il nous faut accepter nos limites avec humi-
lité. Nous ne devons pas attendre d'un écosystème
qu'il se comporte comme un champ en monoculture.

En ce qui concerne la sélection végétale, lorsque nous
cultivons des céréales vivaces dans le contexte d'un écosystème naturel, elles se multiplient pour satisfaire «
leurs » propres critères de survie, plutôt que pour répondre à nos exigences en termes de rendement ou de
facilité de récolte. Elles tendent à devenir progressivement plus sauvages et moins domestiquées, avec une
apparence de plus en plus éloignée de celles des plantes
cultivées. En gérant un champ de manière à contrôler
les conditions favorables à l'établissement des plantules
(par le biais de méthodes telles que, par exemple,
l'inondation, le fauchage, le labour en bandes pério-
diques, le désherbage, le pâturage du bétail ou le piéti-
nement), nous pouvons semer des graines que nous
avons sélectionnées et continuer à favoriser les caractéristiques génétiques de notre choix.

Cuisiner avec les céréales

Lorsque les sociétés ont évolué de la chasse et de la cueillette à
l'agriculture céréalière, les anti-nutriments présents dans les céréales ont eu un impact négatif sur la santé et le bien-être des populations. Cette transition a entraîné l'émergence de nouvelles maladies et affections au sein des peuples issus de ces civilisations. Les
effets se manifestent encore aujourd'hui à travers des problèmes
tels que l'obésité, la malnutrition et les troubles métaboliques, ré-
pandus parmi les civilisations et les familles qui dépendent largement des céréales pour leur alimentation. Les méthodes traditionnelles de préparation des céréales, telles que la fermentation, l'utilisation de grains entiers et la germination, ont le pouvoir de réduire
les effets des anti-nutriments tout en augmentant leur teneur en
vitamines. Cependant, leur mise en œuvre exige du temps, du tra-

vail et des ressources que le système alimentaire industrialisé n'a pas jugé nécessaire d'investir.

De nos jours, de nombreuses personnes souffrent, à divers degrés, d'allergies aux variétés de céréales et aux techniques de récolte récemment développées. Cela s'avérait moins fréquent avec les céréales et les méthodes couramment utilisées il y a plus de 60 ans.

La méthode la plus efficace pour réduire les anti-nutriments consiste à consommer des graines entières, préalablement trempées, germées et/ou fermentées, puis bouillies (n'oubliez pas de jeter l'eau de cuisson). La préparation traditionnelle au levain, en raison de la lenteur de son processus, favorise par exemple la décomposition des anti-nutriments.

J'ai la conviction que notre santé s'améliorerait considérablement si nous arrêtions de consommer des produits alimentaires aux compositions mystérieuses. Par exemple, je n'ai aucune idée des ingrédients ajoutés par les boulangeries industrielles dans les produits tels que le pain, les gâteaux, les cookies ou les puddings. Personnellement, j'essaye d'éviter les substances non identifiées et informes. Je préfère manger des aliments dont je peux facilement reconnaître l'espèce d'un simple coup d'œil.

Decker 5 graines : le pain artisanal de chez Crumb Brother

Amber, la muse de Joseph et la propriétaire de la boulangerie Le Croissant à Logan dans l'Utah (USA)

Chapitre 17 : Tout métisser !

On peut étendre à l'ensemble du règne naturel les techniques présentées dans ce livre qui utilisent la biodiversité pour promouvoir la souveraineté alimentaire. J'ai la conviction, par exemple, que nous devrions les appliquer à nos animaux d'élevage. Dans ce chapitre, nous explorerons plus en détail leur mise en œuvre pour les poules, les abeilles, les champignons et les arbres.

Maintenir de larges populations s'avère plus aisé avec les plantes qu'avec les animaux d'élevage. De plus, ces derniers nécessitent une attention toute particulière du fait de leur plus grande susceptibilité à la consanguinité. Pour maintenir des tailles de population importantes, l'élevage d'animaux métissés[1] s'effectue plus facilement à l'échelle collective qu'au niveau individuel.

A noter également une distinction importante, propre à la sélection d'animaux d'élevage : j'élimine davantage d'animaux que de plantes dans ma sélection, notamment quand ils présentent des caractéristiques mal adaptées à leur environnement.

La consanguinité requise pour maintenir une race pure entraîne des problèmes de santé prévisibles. J'apprécie particulièrement les animaux de ferme de race mixte[2] pour leur extrême résilience. Les chiens errants et les chats de gouttière ont le don de me réjouir.

Poules

Les poules de races patrimoniales*[3] présentent souvent un fort taux de consanguinité. Ceux et celles qui les chérissent déploient d'immenses efforts pour préserver la pureté de leurs lignages. J'ai lu des écrits rapportant que cela pouvait parfois aller jusqu'à maintenir certaines races avec un seul couple reproducteur.

La préservation des races patrimoniales met en lumière un autre exemple d'espèces sélectionnées pour s'épanouir, il y a fort

---

1   Animaux d'élevage métissés* : terme créé par les auteur·e·s pour désigner les animaux d'élevage de races mixtes dont les méthodes de reproduction assurent un maintien ou une augmentation de la diversité génétique et qui présentent une grande adaptation aux conditions spécifiques du terroir ainsi qu'aux habitudes spécifiques de ceux·celles qui les élèvent et en dépendent.

2   Animaux de race mixte* : (par opposition aux animaux de race pure) animaux issus de croisements entre différentes races.

3   Poules de races patrimoniales* : également appelées « poules de races anciennes » ou « traditionnelles ».

longtemps, dans des régions éloignées et totalement différentes. Les conditions actuelles et les écosystèmes locaux de chaque poulailler n'ont désormais plus guère en commun avec ces dernières.

Les poules métissées* s'adaptent plus facilement aux conditions locales : au climat, aux spécificités de chaque poulailler, aux habitudes des différent·e·s paysan·ne·s et de celles des populations au sein desquelles ces dernier·ère·s s'implantent.

Je connais des paysan·ne·s qui élèvent de grands troupeaux de volailles de races mixtes, libres de se reproduire entre elles. Ces animaux se portent bien. Je pense que cela s'explique en partie par le maintien d'une taille importante de troupeau et par la préservation en son sein de nombreux coqs.

Historiquement, afin de prévenir la consanguinité, on avait pour habitude de ne garder que les poules de la ferme au sein d'un troupeau et d'y introduire des coqs non apparentés provenant d'autres exploitations. Dans ce contexte, « non apparenté » signifiait séparé par trois générations ou plus.

On appellera cette méthode de sélection empirique, consolidée au fil du temps, « l'élevage par rotation des reproducteurs*4 ». Cette appellation fait référence au fait que les jeunes coqs passent d'un troupeau à l'autre, ce qui les empêche de se reproduire avec de proches parents.

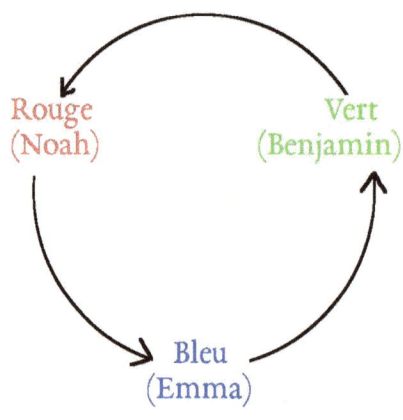

Élevage par rotation des reproducteurs : les jeunes coqs quittent le troupeau de leur mère

Cette méthode requiert la gestion d'un minimum de trois troupeaux de poules. Aucun coq ne reste dans le même troupeau que sa mère. On les fait passer successivement d'un troupeau à l'autre, suivant un ordre de rotation déterminé. Par exemple, du Troupeau Rouge au Troupeau Bleu, du Troupeau Bleu au Troupeau Vert, et du Troupeau Vert au Troupeau Rouge. Ce processus garantit une distance de trois générations dans les liens de parentés.

---

4   En anglais, spiral breeding

Il faut veiller à garder un nombre suffisant de coqs issus de chaque génération, de manière à ne pas interrompre la rotation en cas de décès inattendu de l'un d'entre eux. Un coq qui demeure au sein du troupeau pendant plusieurs années exerce une influence plus marquée sur le matériel génétique du groupe que les jeunes coqs. Les jeunes coqs contribuent à une adaptation plus rapide, tandis que les coqs plus âgés apportent de la stabilité au troupeau.

La technique de rotation des reproducteurs* se met en place idéalement avec au moins trois troupeaux de poules répartis sur plusieurs exploitations agricoles. Dans cette approche, Noah par exemple donne ses poussins mâles à Emma. Cette dernière transmet les siens à Benjamin. Celui-ci envoie les siens à Noah. Tant qu'on respecte cet ordre prédéterminé, la nécessité de tenir des registres ou de créer des pedigrees disparaît.

Cette méthode d'élevage peut également se réaliser entièrement chez soi ou au sein d'une ferme unique en utilisant des bagues colorées sur les pattes de chaque animal, dès leur plus jeune âge. On peut les élever ensemble en tant que troupeau mixte et ne les séparer qu'à l'approche de la saison de reproduction. Je connais même quelqu'un qui pratique cette méthode en mémorisant quels volatiles appartiennent à quels troupeaux.

Pour maintenir l'adaptation locale tout en élargissant la diversité génétique, je suggère d'introduire chaque année environ une ou deux poules sur dix d'une nouvelle race encore absente dans cette rotation. N'importe quelle race peut convenir à cet effet car nul ne peut anticiper celle qui s'avèrera susceptible d'apporter des gènes bénéfiques à la viabilité à long terme du troupeau pris dans son ensemble.

Si vous ne parvenez pas à trouver des voisin·e·s partageant cette approche de l'élevage de poules centrée sur le métissage, voilà une autre variation de cette méthode que vous pourriez envisager. Élevez toutes vos poules ensemble mais à chaque printemps, avant la saison de reproduction, éliminez tous vos coqs. Introduisez alors des coqs de races prises au hasard parmi celles que vous n'avez encore jamais eues dans votre troupeau. Cette approche préserve l'adaptation locale des poules tout en apportant constamment une nouvelle diversité génétique grâce aux coqs.

La culture acquise et transmise au sein du troupeau joue un rôle crucial dans la capacité de survie des poules. Les poussins acquièrent de leur mère et des autres membres du troupeau les compétences nécessaires à leur survie. Par conséquent, je préconise vivement que ces troupeaux de poules métissées* se reproduisent naturellement, grâce à des poules couveuses, plutôt que par le biais de machines d'incubation automatisées.

De nombreuses races modernes et patrimoniales* ont perdu l'instinct de couvaison. Le succès d'un troupeau de poules métissées* nécessitera peut-être une sélection fondée sur la préservation de cet instinct.

Abeilles

Aux Etats-Unis au début du printemps, on transporte environ 70 % des colonies d'abeilles dans les vergers d'amandiers californiens. Les abeilles y échangent parasites et maladies avant de migrer vers d'autres régions du pays. De plus, l'écosystème des vergers se caractérise par des sols nus qui n'offrent aux abeilles que peu de sources de nourriture. De ce fait, 40 % de ces colonies ne survivent pas jusqu'au printemps suivant.

Dans ma vallée, le taux actuel de mortalité hivernale des abeilles avoisine les 100 %, indépendamment des efforts déployés par les apiculteur·trice·s pour y remédier. Au printemps, on remplace généralement les abeilles locales par des abeilles revenues récemment de Californie et mal adaptées au terroir. Les maladies et les parasites abondent. Cela force les abeilles à dépendre de produits chimiques pour leur survie. Leur manque d'adaptation bioclimatique leur laisse peu de chances de survivre à l'hiver.

Mon arrière-grand-père et mon père pratiquaient tous deux l'apiculture. Ils élevaient des abeilles adaptées à notre région, ne nécessitant aucune préparation

Apiculture industrielle

particulière pour survivre à l'hiver, à l'exception de la réduction de la taille de l'entrée des ruches. Dans les collines environnantes et les bâtiments abandonnés, des colonies d'abeilles sauvages vivaient également en harmonie avec l'écosystème local. Malheureusement, des « bienfaiteur·trice·s locaux·ales » ont entrepris de détruire ces populations d'abeilles sauvages, arguant qu'elles représentaient une menace biologique.

Afin d'assurer sa souveraineté alimentaire au niveau locale, ma vallée aurait tout intérêt à réintroduire des abeilles sauvages et domestiques, adaptées à notre région. Voilà quelques idées pour développer un projet d'abeilles métissées*⁵, si on voulait le fonder sur les méthodes qui me semblent les plus éprouvées en la matière.

Ce projet adopterait une approche non interventionniste : aucun recours à des traitements chimiques, antibiotiques ou anti-acariens. Instaurer un tel système permettrait en effet aux parasites, maladies et abeilles d'interagir et de trouver d'eux·elles-même un équilibre durable.

Les abeilles devraient pouvoir construire librement leurs rayons[6] de formes organiques, sans la contrainte de cadres rectangulaires fixés par les apiculteur·trice·s à intervalles réguliers dans la ruche. De plus, les fondations de cire couramment ajoutées dans ces cadres imposent des tailles artificielles d'alvéoles[7]. Elles obligent les abeilles, élevées au sein de ces ruches, à atteindre une taille inadaptée à leur biologie. La forme droite de ces cadres perturbe également la capacité des abeilles à réguler naturellement la température de l'intérieur de la ruche.

On devrait également abandonner le concept de rucher centralisé et privilégier, au contraire, le positionnement des colonies à

---

5 Abeilles métissées* : terme créé par es auteur·e·s pour désigner les abeilles répondant aux caractéristiques décrites dans ce sous chapitre autrement dit provenant de souches génétiques diversifiées, adaptées au terroir, élevées sans traitement dans des conditions et structures respectant au mieux leur nature propre, leur biologie et leurs instincts.

6 Rayons : structures de cire, parfaitement adaptées pour maximiser l'espace et l'efficacité de stockage, construites spontanément par les abeilles et constituées d'un ensemble de cellules hexagonales appelées alvéoles, assemblées côte à côte.

7 Alvéoles : cellules hexagonales en cire construites par les abeilles et assemblées côte à côte dans les rayons d'une ruche. Les alvéoles servent de compartiments individuels pour chaque tâche de la colonie, comme la nurserie pour les larves, le stockage du miel et pollen ainsi que la ponte des œufs par la reine.

une distance d'au moins 80 mètres les unes des autres afin de réduire au maximum la propagation des maladies et la dérive des abeilles[8]. On devrait également, à cet égard, disposer les entrées des ruches en diagonale, revêtues chacune de motifs géométriques distincts, pour permettre aux abeilles d'identifier la leur plus facilement.

Les ruches Warré semblent les plus adaptées à mon climat. Construites avec du bois d'au moins 4 à 8 cm d'épaisseur pour minimiser autant que possible les variations de températures internes, ces ruches disposent également d'un fond[9] en matériaux compostables.

Le mode naturel de reproduction des abeilles basé sur l'essaimage[10] devrait devenir la méthode la plus courante de multiplication des colonies.

Idéalement, le projet devrait se poursuivre dans une zone peu touchée par les drones[11]de Californie. Dans le cadre de ce projet, on pourrait envisager de proposer des abeilles adaptées localement à ceux·celles dont les colonies connaissent une mortalité hivernale élevée. En retour, les bénéficiaires contribueraient au projet en y intégrant des drones qui viendraient enrichir l'essaim de drones lors de la fécondation de la reine.

Comme tout système vivant, les abeilles s'adapteront à leur environnement. Cependant, plus notre système reflète celui dans lequel elles vivent à l'état sauvage, plus elles s'y adapteront aisément

---

8   Dérive des abeilles : quand les abeilles quittent leur ruche d'origine et se dirigent vers une autre ruche pour diverses raisons, telles que des conditions météorologiques changeantes, des modifications dans l'environnement, ou simplement en raison de la confusion des abeilles lors de leur retour à la ruche. La dérive des abeilles peut entraîner la diffusion de maladies, pathogènes et parasites et avoir également un impact sur l'équilibre de la population de la ruche et la répartition des ressources au sein de la colonie.

9   Au lieu d'un plancher en bois traditionnel, le fond des ruches Warré se trouve constitué de matériaux compostables comme la paille, la sciure de bois ou d'autres matériaux organiques. Cela crée un environnement plus naturel pour les abeilles et favorise une meilleure régulation de l'humidité à l'intérieur de la ruche. De plus, le compost peut aider à maintenir la santé de la colonie en fournissant un habitat favorable aux micro-organismes bénéfiques.

10 Essaimage : processus naturel par lequel une partie de la population d'une ruche quitte la ruche pour former une nouvelle colonie.

11 Drone : une abeille mâle, parfois également appelée « faux-bourdon ».

et rapidement. Je recommande vivement à cet égard la lecture des *12 Préceptes de l'Apiculture de Préservation*[12].

On devra également s'assurer d'introduire un volet éducatif au projet pour informer les inspecteur·trice·s apicoles et les apiculteur·trice·s commerciaux·ales qui utilisent des produits chimiques que les abeilles métissées* ne présentent pas de risques biologiques.

Ce projet devrait périodiquement importer des souches d'abeilles génétiquement différentes, provenant en particulier d'autres apiculteur·trice·s qui travaillent sur le développement de colonies d'abeilles métissées adaptées au terroir et élevées sans traitement.

Plus encore que tout autre projet abordé dans ce livre, celui d'élevage d'abeilles métissées nécessite l'implication de tous les acteur·trice·s locaux·ales. Je pense qu'il met également en lumière l'importance de mettre en place une sensibilisation du grand public pour encourager les gens à respecter les colonies sauvages et les estimer à leur juste valeur.

Champignons

Le système de reproduction des champignons peut sembler mystérieux, mais ces derniers s'adaptent bien aux méthodes de métissage exposées dans cet ouvrage. Pour y procéder, je commence par rassembler des champignons que j'ai cueillis ou achetés en magasin. Je les passe au mixeur avec un peu d'eau. Je verse cette bouillie dans des endroits propices aux champignons. Je surveille ces habitats pendant les saisons fraîches, après une période de pluies. Une fois établie, une parcelle de champignons peut produire des récoltes fructueuses pendant de nombreuses années.

Les champignons que je cultive se développent en plein air, au sein d'un écosystème vivant. Ils y prospèrent naturellement.

Les morilles poussent en symbiose avec les peupliers et les trembles. Quand je cherche à établir des morilles sur des copeaux de bois, je préfère utiliser ces espèces d'arbres spécifiques pour favoriser leur croissance.

Je découvre le plus souvent les pleurotes sur des racines d'arbres. Lorsque je tente de cultiver ces champignons, je recrée donc cet écosystème en enterrant partiellement les bûches. Étant

---

12 Voir l'annexe pour un lien en accès libre vers le texte intitulé, en anglais, *12 Tenets Of Preservation Beekeeping*.

donné le climat extrêmement sec de ma région, l'enfouissement des bûches aide à conserver leur humidité.

Comme pour toutes les espèces, vous récoltez ce que vous sélectionnez. Les espèces s'adaptent aux conditions telles qu'elles se présentent. Plus vous disposez de diversité dans l'environnement, plus l'adaptation locale devient possible.

Arbres

S'engager dans un travail de sélection améliorative des arbres représente un projet de longue haleine, qui peut s'étendre sur plusieurs générations. J'aborde ces projets avec détachement et insouciance. D'ici à ce que les jeunes plants atteignent leur maturité, la propriété sur laquelle on les a plantés aura probablement changé de mains. Peut-être même plusieurs fois. Je plante donc autant de jeunes plants d'arbres que je peux. Puis, une décennie ou deux plus tard, lorsque les arbres produisent des fruits, je prends contact avec le·la nouvel·le occupant·e et lui demande l'autorisation de récolter des graines.

Je vends de jeunes plants d'arbres sur les marchés locaux. Je ne sais pas toujours ce qu'ils deviennent. Des années plus tard, il m'arrive parfois de les retrouver ici et là, au hasard de mes promenades.

Je plante également des graines et des plants de jeunes arbres dans les zones naturelles. Certains d'entre eux parviennent à s'y établir.

Les descendants d'arbres magnifiques ont toutes les chances de devenir, eux-mêmes, magnifiques. Quand je fais pousser des arbres à partir de graines, je ne trouve pas d'arbres difformes ou toxiques parmi eux. Le plus souvent, les descendants ressemblent étroitement à leurs parents.

Pommiers

Il y a environ 160 ans, les gens qui ont fondé mon village ont décidé de creuser des canaux d'irrigation. Après le déjeuner, les ouvriers qui y travaillaient enfouissaient leurs trognons de pomme près des berges. De ce fait, on trouve encore aujourd'hui des pommiers qui poussent le long de ces canaux. Leurs pommes, de petite taille, ont une peau jaune et une saveur rafraichissante, légèrement acidulée. Chaque arbre produit des fruits au goût unique, exempts de vers. Je n'en ai jamais goûté d'amères ni d'immangeables. Dans toute la vallée, les zones riveraines[13] abritent de tels pommiers sauvages.

Noyers

Mon projet de sélection améliorative des noyers poursuit le travail entrepris par L. Shandrew, décédé il y a plusieurs décennies. Il avait déjà cultivé deux générations d'arbres avant moi. J'ai effectué une sélection rigoureuse au sein de la troisième génération pour lui conférer une meilleure résistance au froid. J'ai ensuite replanté les jeunes plants à une altitude plus élevée de 270 mètres. Grâce à cette adaptation, des noyers de Carpathie peuvent s'épanouir dans une vallée où les conditions hivernales demeurent trop exigeantes pour que les clones commerciaux actuellement disponibles puissent y produire de manière fiable.

La troisième génération de noyers a commencé à donner des fruits. L'un de ces arbres produit des noix légèrement sucrées, dépourvues de l'amertume que je n'apprécie généralement pas dans les noix. Nous avons également commencé à planter des jeunes plants de la quatrième génération en ville et dans les environs.

Abricotiers

Dans mon écosystème, les abricotiers poussent à l'état sauvage, sans irrigation. Pendant son enfance, mon père dégustait des abricots sur une colline aride où il jetait leurs noyaux. Deux jeunes plants ont fini par germer et donner naissance, soixante-dix ans plus tard, à un bosquet d'abricotiers.

Les jeunes abricotiers commencent à produire des fruits au bout de trois à cinq ans. On peut donc espérer pouvoir cultiver plusieurs générations d'abricotiers au cours de sa vie.

Je cultive une rangée de jeunes plants d'abricotiers. L'un des parents offre des fruits d'une saveur sucrée et délicate : un véritable délice rappelant le goût typique des anciennes variétés d'abricots ! J'espère que certains de ses descendants perpétueront ses qualités gustatives exceptionnelles. Une fois cueillis, on doit les déguster sur-le-champ, car ils ne supportent pas le transport.

---

13 Zones riveraines : zones de terre situées le long des rivières, des lacs, des étangs ou d'autres étendues d'eau comme les canaux.

Différents types de noix issues de semences paysannes métissées

Betteraves issues de semences paysannes métissées

Une des filles d'Anphlo introduisant de nouvelles colonies dans des ruches Warré

Abricots cultivés à partir de noyaux : délicieusement sucrés mais difficiles à transporter

182 — Semences paysannes métissées

Épilogue

Dans ce livre, j'ai tenté d'expliquer comment la culture de semences paysannes métissées* pouvait favoriser la production locale de nourriture et de graines. J'y ai également partagé mon expérience personnelle avec les cultures qui en résultent, mettant en avant comment l'adaptation aux conditions locales, la richesse de la diversité génétique et les bienfaits de la pollinisation croisée* avaient renforcé la souveraineté alimentaire de ma propre ferme.

J'ai succinctement exposé le contexte historique de la situation agricole actuelle, sans chercher à nourrir de rancœur envers les responsables de cet état de fait. Je m'efforce seulement de développer des systèmes dans lesquels ceux·celles qui s'y reconnaissent puissent trouver un épanouissement personnel. Le reste du monde reste libre de vivre selon d'autres systèmes, s'il les estime mieux adaptés.

Dans la première ébauche de ce livre, figurait un chapitre entier intitulé « La dimension collective[1] ». J'ai par la suite préféré incorporer ce concept à l'ensemble de l'ouvrage pour refléter l'importance que je lui accorde. La culture de semences paysannes métissée s'occupe autant de l'amélioration des espèces* végétales que de la création et de l'épanouissement de liens sociaux au sein des quartiers, communautés et collectifs locaux·ales.

L'approche exposée dans cet ouvrage permet d'éliminer le stress et les contraintes lié·e·s à la nécessité de maintenir des distances d'isolement* pour préserver la pureté des variétés patrimoniales*. J'ai mis en avant l'idée que la diversité génétique et le recours à la pollinisation croisée* permettaient, en fait, d'accroître la résilience des populations végétales*. De plus, j'ai suggéré de minimiser, voire d'éliminer complètement, la tenue de registres de cultures*.

J'ai présenté des exemples de cultures sur lesquelles j'ai personnellement travaillé, en soulignant que ces cultures pouvaient évoluer dans de nouvelles directions passionnantes quand nous leur accordions notre attention. Le processus de sélection permet en effet de créer de nouvelles populations* et variétés* adaptées à de nouvelles pratiques agricoles.

J'ai partagé ma passion pour le projet de Délicieuses Tomates Magnifiquement Débridées*. J'espère que certain·e·s d'entre vous

---

1   En anglais, community

se joindront à moi pour contribuer à développer une population*
vigoureuse de tomates allogames*.

J'ai évoqué le potentiel de certaines espèces à participer à des
projets de sélection végétale. J'ai abordé quelques dizaines d'entre
elles dans cet ouvrage et travaillé sur plus d'une centaine dans ma
ferme. Il en existe des milliers d'autres dans les différents écosystèmes et zones sauvages. Les principes de culture en métissage
peuvent s'appliquer à n'importe quel écosystème et populations
de plantes ou d'animaux. Les résultats que nous obtenons dépendent de nos choix de sélection, volontaires ou involontaires.
Les populations génétiquement diversifiées et reproduites par pollinisation croisée s'adaptent aux conditions changeantes, contribuant ainsi à renforcer la souveraineté alimentaire.

Par où commencer pour mettre en œuvre les méthodes décrites dans ce livre? Quelles espèces vous inspirent pour commencer à intégrer la philosophie du métissage des semences dans votre
jardin ? Pourquoi ne débuteriez-vous pas en cultivant quelques
plantes de deux variétés différentes à proximité les unes des autres?
Il ne vous restera plus qu'à collecter et ressemer leurs graines !

ANNEXES

Haricots Secs Nains Lofthouse sélectionnés pour le prochain semi

Glossaire

Abeilles métissées : terme créé par l'auteur·e pour désigner des abeilles provenant de souches génétiquement diversifiées, adaptées au terroir, élevées sans traitement, dans des conditions et structures respectant au mieux leur nature propre, leur biologie et leurs instincts.

Adventices : appelées mauvaises herbes dans le langage courant.

Agriculture vivrière ou de subsistance : agriculture centrée sur la production de denrées alimentaires destinées principalement à répondre aux besoins alimentaires de base des populations locales et à la subsistance des paysan·e·s qui les cultivent.

Animaux d'élevage métissés : terme créé par l'auteur·e pour désigner des animaux d'élevage de races mixtes dont les méthodes de reproduction assurent un maintien ou une augmentation de la diversité génétique et qui présentent une grande adaptation au terroir ainsi qu'aux habitudes spécifiques de ceux·celles qui les élèvent ou en dépendent.

Animaux de race mixte : (par opposition aux animaux de race pure) animaux issus de croisements entre différentes races.

Anthère : partie mâle de la fleur qui produit et libère le pollen. L'anthère peut s'ouvrir pour libérer le pollen, alors transporté vers le stigmate d'autres fleurs pour la pollinisation, permettant ainsi la formation des graines.

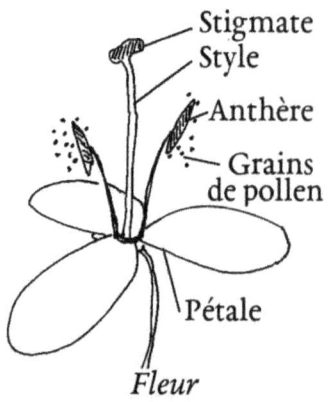

Autopollinisation : fécondation de la plante par elle-même. Une plante qui s'autopollinise ne nécessite pas la pollinisation croisée par une autre plante de la même espèce pour se reproduire.

Avoine nue : se distingue des autres types d'avoine par le fait qu'elle possède soit une absence d'enveloppe protectrice autour de la graine, soit une enveloppe protectrice fine et mince qui se détache facilement lors du battage, permettant une récolte plus aisée.

Battage : opération qui vise à séparer les graines du reste de la plante comme leurs tiges, épis ou cosses. Traditionnellement effectuée à la main en marchant ou sautant sur les plantes sèches ou en les frappant contre une surface dure avec ou sans outils comme des bâtons ou des fléaux.

Blé de printemps : type de blé semé au début du printemps.

Blé d'hiver : type de blé semé à l'automne qui passe l'hiver sous forme de plantule avant de reprendre sa croissance au printemps, pour atteindre sa maturité pendant l'été.

Consanguine : issue de la reproduction entre des plantes génétiquement très similaires ou identiques, par exemple des plantes issues de la même souche ou lignée.

Cotylédon : première(s) feuille(s) qui apparait(ssent) lors de la germination d'une graine.

Courges maxima : (Cucurbita maxima) espèce qui comprend notamment les Buttercup, les Hubbard et les potimarrons. Ces courges se distinguent par leur croissance vigoureuse, leur goût sucré et savoureux, leur temps de maturation rapide et leur productivité remarquable. Elles produisent également une abondance de caroténoïdes. Cependant, elles ont des pédoncules légers et poreux ainsi que des tiges juteuses, ce qui les rend vulnérables aux attaques de foreurs de la vigne qui y enfouissent leurs larves. Ces ravageurs peuvent causer des dommages significatifs aux courges maxima, en particulier dans diverses régions du continent américain. Ces courges ont une durée de conservation moyenne de trois à cinq mois.

Courges moschata : (Cucurbita moschata) espèce qui comprend notamment les courges Doubeurre (aussi appelées courges Butternut). Elle a la réputation de résister plus efficacement aux maladies et ravageurs que les courges pepo et maxima. Ses tiges et pédoncules robustes lui permettent notamment de lutter contre les foreurs de la vigne. Ces courges conservent une excellente qualité de stockage pendant plusieurs mois. D'une saveur plus flatteuse que les pepo, leur goût demeure cependant inférieur à celui des courges maxima.

Courges pepo : (Cucurbita pepo) espèce qui comprend notamment les courgettes ordinaires, les courgettes Cou Tors (aussi appelées courgette/courge à col Crookneck), les courges-glands (aussi dites courges Acorn), les courges Delicata, les courges Jack O'Lantern et les coloquintes. Les courges pepo incluent donc des courges décoratives et des courges consommées en tant que courges d'été et/ou courges d'hiver.

Croisement manuel : croisement réalisé à la main, dans les champs, par opposition aux croisements spontanés résultant notamment de l'action des pollinisateurs ou du vent.

Cucurbitacées : (Cucurbitaceae) famille de plantes dont les membres les plus connus comprennent les courges, courgettes et gourdes, les concombres, les melons et les pastèques.

Cultivars : variétés cultivées d'une espèce végétale délibérément sélectionnées ou développées pour des caractéristiques spécifiques désirables, telles que le goût, la couleur ou la résistance aux maladies. Dotées de noms spécifiques, on les propage par des méthodes permettant de maintenir leurs traits désirables à travers les générations. La pomme de terre Bintje représente un exemple de cultivar connu.

Culture ou espèce allogame : espèces, comme le maïs par exemple, qui recourent à la pollinisation croisée pour leur reproduction. Elles dépendent d'agents pollinisateurs comme les abeilles ou le vent pour transporter le pollen d'une plante à l'autre et assurer leur reproduction.

Culture ou espèce autogame : espèces, comme les haricots communs par exemple, ayant une forte tendance à privilégier l'autopollinisation plutôt que la pollinisation croisée.

Cultures, variétés, lignées ou semences consanguines : cultures qui ont subi un processus de sélection végétale caractérisé par des croisements répétés entre des plantes génétiquement très similaires ou identiques comme des plantes issues de la même souche ou lignée. Ce processus a conduit à une perte significative de diversité génétique au sein de ces cultures, ce qui les rend plus vulnérables aux ravageurs, maladies et conditions de croissance défavorables ou changeantes.

Décalage des saisons de culture : cultivation de plantes à des saisons différentes de celles auxquelles elles ont coutume de pousser.

Délicieuses Tomates Magnifiquement Débridées : expression créée par l'auteur·e pour traduire l'expression anglaise, empreinte de facétie, inventée par Joseph de Beautifully Promiscuous and Tasty Tomato Project. Elle désigne un projet de sélection améliorative de tomates créé par ce dernier en collaboration avec d'autres. Il a débuté par des croisements manuels entre des variétés anciennes de tomates ne possédant pas de gènes de résistance connue et des espèces sauvages de tomates autostériles appelées Solanum pennellii et Solanum habrochaites. Ces croisements ont ensuite donné lieu à un travail de sélection sur les générations ultérieures fondé sur la présence de fleurs débridée, la couleur jaune et orange ainsi que le goût sucré et tropical des fruits. L'objectif a consisté à développer une population de tomates 100% allogame au goût incomparable et conservant une diversité génétique exceptionnelle. Ces tomates semblent s'avérer en mesure de résoudre d'elles-mêmes les problèmes tels que le mildiou qui menacent les variétés de tomates domestiques.

Dépression consanguine : réduction de la vigueur ou de la qualité des plantes issues de la reproduction entre des plantes génétiquement très similaires ou identiques, par exemple des plantes issues de la même souche ou lignée.

Distance d'isolement : distance minimale recommandée entre différentes variétés pour éviter la pollinisation croisée, afin de les maintenir séparées, autrement dit distinctes, homogènes et stables.

Égrenage : dans le contexte de la culture des céréales, fait référence à la chute prématurée des grains des plantes avant la récolte. L'égrenage entraîne une perte de rendement.

Élevage par rotation des reproducteurs : (en anglais, spiral breeding) méthode visant à prévenir la consanguinité au sein d'un troupeau d'animaux d'élevage comme les poules en utilisant la rotation des reproducteurs au sein d'un minimum de 3 troupeaux.

Endogamie / Reproduction endogamique : terme utilisé pour décrire la reproduction entre des plantes étroitement apparentées, au sein d'une même lignée par exemple.

Fleur débridée : terme choisi par l'auteur·e pour traduire le terme anglais de « promiscuous flower », empreint de facétie et inventé par Joseph. Il désigne les fleurs d'une taille imposante qui possèdent leur stigmate à l'extérieur des anthères encourageant, de ce fait, la pollinisation croisée.

Graine : produit de la reproduction sexuée d'une plante résultant de la pollinisation de ses fleurs.

Genre / Espèce / Variété (différence entre ces 3 notions) : Le genre représente le niveau de classification supérieur qui regroupe des plantes partageant des caractéristiques similaires. Par exemple, le genre Solanum comprend plusieurs espèces de

plantes potagères différentes comprenant notamment les tomates classiques (Solanum lycopersicum) et les aubergines
(Solanum melongena).

L'espèce représente un niveau de classification plus spécifique qui
désigne un groupe de plantes qui peuvent se reproduire entre
elles et produire une descendance fertile. L'espèce de la carotte
commune s'appelle Daucus carota. Toutes les carottes, de
toutes les couleurs, formes et goûts appartiennent à cette espèce.

La variété désigne des plantes, appartenant à la même espèce et
possédant des caractéristiques communes distinctes, homogènes et stables telles que la couleur, la taille, la forme ou le
goût. Par exemple, des variétés comme la Nantes, la Touchon
ou la Purple Haze représentent toutes des variétés de carottes,
chacune avec ses propres caractères spécifiques mais appartenant toutes à l'espèce Daucus carota.

Grex : (en anglais, grex ou hybrid swarm) mot latin qui désigne,
dans ce livre, un mélange sélectionné et hétérogène de diverses
variétés et/ou populations, cultivées ensemble, dans le but de
les laisser se croiser. Il se compose de quantités à peu près équivalentes de graines provenant de 5 à 50 sources et variétés/po-
pulations différentes. Il représente une forme précurseure de
population paysanne métissée.

Horticulture pérenne : pratique agricole qui consiste à cultiver des
plantes vivaces.

Hybrides artisanaux : terme créé par l'auteur·e pour traduire le
terme anglais inventé par Joseph de « freelance hybrids ». Il
désigne des croisements fait-maison, réalisés à la main, dans les
champs, par des paysan·ne·s indépendant·e·s et jardinier·ère·s.

Hybrides commerciaux (parfois référés sous le terme de « F1 ») :
croisements créés par l'industrie semencière se distinguant par
leurs caractères excessivement homogènes et leur dépendance
aux intrants tels que les pesticides et engrais. Ces hybrides,
bien que dits « non reproductibles », s'avèrent en réalité parfois capables de se croiser et de produire des graines. Dans leur
cas, l'expression « non reproductible » signifie que leurs descendants ne conserveront pas les mêmes caractéristiques génétiques que la plante mère.

Hybride débridé : terme créé par l'auteur·e pour traduire le terme
anglais, empreint de facétie, inventé par Joseph de « promis-

cuous hybrid ». Il désigne un hybride naturel né de la pollinisation débridée.

Hybride naturel ou spontané : quand 2 plantes, non étroitement apparentées, se croisent l'une avec l'autre, sans intervention humaine.

Interspécifique : entre les espèces

Intraspécifique : au sein d'une même espèce

Landrace : (également appelé, en anglais, modern landrace.) Ce terme anglais, parfois utilisé tel quel en français, donne lieu à des traductions multiples telles que « variétés locales », « variétés de pays » ou « races primitives ». Il s'agit d'un terme réinventé par Joseph dans la version anglaise et traduit en français par l'auteur·e, dans la présente édition, par les termes « semences paysannes métissées » ou « population paysanne métissée » (abrégés à « population métissée »). Il se définit dans ce livre comme une population adaptée au terroir, génétiquement diversifiée et recourant à la pollinisation débridée pour sa reproduction. En lien étroit avec le terroir et ceux·celles qui la cultivent et consomment, elle permet la souveraineté alimentaire du fait de sa capacité d'adaptation aux conditions changeantes.

Légumineuse : (Fabaceae) famille qui comprend de nombreuses plantes cultivées pour leurs graines comestibles, telles que les pois, les haricots communs, les haricots tépari, les haricots d'Espagne, les haricots de Lima, les lentilles, les fèves et féveroles, les lupins, les pois chiches, les haricots niébés et le soja. Riches en protéines, en fibres alimentaires, en vitamines et en minéraux, les légumineuses permettent une alimentation équilibrée.

Maïs à farine : (Zea mays amylacea. En anglais, flour corn) plus que n'importe quel autre type de maïs, il a la réputation de pouvoir assurer la souveraineté alimentaire. On l'utilise notamment pour confectionner du pain, des tortillas, du pozole, de la farine nixtamalisée, des chicos, de la bouillie et du maïs grillé. Ses grains tendres, faciles à moudre en farine, produisent une texture fine et légère.

Maïs corné : (Zea mays indurata. En anglais, flint corn) type de maïs qui se caractérise par des grains denses et durs qui peuvent apparaître presque transparents ou vitreux. Il sollicite énormément les équipements ménagers comme les moulins à farines et sa farine procure une sensation granuleuse en bouche. Cependant, il présente un attrait visuel indéniable.

Maïs denté : (Zea mays indentata. En anglais, dent corn) type de maïs également appelé maïs à grains dentés ou maïs amylacé-denté. Il se caractérise par des grains qui, une fois secs, présentent un sommet en forme de dent.

Maïs doux à l'ancienne : (Zea mays saccharata. En anglais, old-fashioned sweet corn) type de maïs doux (également appelé de type su) existant avant le développement des variétés modernes de maïs doux. Il inclut les variétés population et patrimoniales de maïs doux.

Maïs doux modernes : (Zea mays saccharata. En anglais, sweet corn) Il en existe 3 types principaux. Un maïs à saveur sucrée rehaussée dit de type se (en anglais, sugary-enhanced). Un maïs super sucré également référé sous le terme de « sh2 » ou « fripé » en référence à l'apparence de ses graines (en anglais, super-sweet). Un maïs doux appelé « synergique » ou « se/sh2 » (en anglais, synergistic), combinant ces trois types de gènes de douceur.

Maïs grain : (Zea mays. En anglais, grain corn) type de maïs qui rassemble plusieurs types de maïs (maïs corné, maïs denté, maïs à éclater, maïs doux et maïs à farine) en une seule population, non séparée par phénotype. Il présente une grande diversité génétique, ce qui lui permet de s'adapter rapidement aux conditions changeantes. On l'utilise notamment pour la brasserie, pour faire de la farine de maïs nixtamalisée ou pour nourrir les poules sous forme de grains entiers.

Maïs popcorn / Maïs à éclater : (Zea mays everta. En anglais, popcorn) 2 termes utilisés indifféremment dans ce livre pour désigner le type de maïs cultivé pour produire des grains destinés à éclater et gonfler à la chaleur.

Multiplication ou Reproduction végétative des plantes : propagation des plantes sans passer par le processus de reproduction sexuée impliquant des graines. Dans le cas des topinambours par exemple, multipliés végétativement signifie qu'on produit de nouvelles plantes à partir de morceaux de tubercules ou de rhizomes de la plante mère plutôt que par la germination de graines. Dans le cas de l'ail, la reproduction végétative signifie qu'on produit de nouvelles plantes d'ail à partir de caïeux ou de bulbilles d'ail (des clones de la plante mère) plutôt que par la germination de véritables graines d'ail.

Naturalisation d'une espèce végétale : quand une espèce, comme l'orge ou le blé par exemple, réussit à s'établir et à se propager de manière autonome en dehors des cultures agricoles, souvent dans des environnements sauvages ou non cultivés.

Nixtamalisation : processus qui consiste à cuire le maïs dans une solution alcaline telle la chaux ou les cendres.

Pédoncule : tige florale ou tige portant un groupe de fleurs, une inflorescence ou un fruit.

Phénotype : ensemble des caractéristiques physiques et observables d'une plante dans le milieu dans laquelle on la cultive, telles que sa forme ou la couleur de ses fleurs ou de ses fruits, sa hauteur etc. Le patrimoine génétique des plantes et les conditions environnementales dans lesquelles elles poussent influencent leur phénotype.

Plante ou espèce bisannuelle : plante dont le cycle de vie naturel s'étend sur deux ans. La première année, elle produit des feuilles et des racines, mais ne fleurit pas. La deuxième année, elle fleurit, produit des graines et meurt. Les exemples de plantes bisannuelles incluent par exemple la carotte et le chou frisé.

Plante ou espèce vivace : plantes qui continuent de produire des récoltes pendant plusieurs années sans avoir besoin qu'on les replante chaque année comme les asperges par exemple.

Pollinisation croisée / Pollinisation croisée naturelle : processus de reproduction dans lequel le pollen d'une plante se trouve transféré vers le pistil d'une autre plante non apparentée, généralement par le biais d'agents pollinisateurs tels que les abeilles ou le vent. Ce processus permet la fécondation et la production de graines qui portent un mélange de caractéristiques génétiques de leurs parents.

Pollinisation débridée : synonyme de pollinisation croisée. Terme créé par l'auteur·e pour traduire l'expression anglaise, empreinte de facétie, inventée par Joseph de promiscuous pollination. Il indique l'importance fondamentale que ce dernier accorde à ce type de pollinisation dans la création et le maintien de semences paysannes métissées. En effet, la pollinisation débridée brasse et réorganise le patrimoine génétique des plantes, permettant le maintien de la diversité génétique au niveau de leurs populations ainsi que l'adaptation de ces dernières au terroir et pratiques de ceux·celles qui les cultivent et en dépendent.

Population de plantes / Population végétale / Population paysanne traditionnelle : termes synonymes qui désignent un groupe de plantes cultivées ensemble dans un environnement spécifique, capables de se reproduire entre elles naturellement, adaptées au terroir et présentant certains caractères communs mais également une grande diversité génétique. Cette notion préexiste et diffère de celle de variété, une notion moderne. Les variétés, créées par le croisement et la sélection de plantes présentant des caractéristiques désirables, ont leurs traits distincts, homogènes et stables, ce qui signifie que les plantes d'une variété spécifique auront toutes des caractéristiques similaires, indépendamment de l'endroit dans lequel on les cultive.

Population Paysanne Métissée / Population Métissée : terme créé par l'auteur·e pour traduire le terme anglais réinventé par Joseph de « landrace ». Il désigne une population issue de semences paysannes métissées. Synonyme de « population paysanne traditionnelle ».

Populations Évolutives Pré-sélectionnés (PEPS) : terme utilisé pour décrire un concept proche, mais légèrement différent, de celui de population paysanne métissée.

Population évolutive / Population dynamique : terme utilisé pour décrire un concept proche, mais légèrement différent, de celui de population paysanne métissée.

Poules de races patrimoniales : également appelées poules de races anciennes ou traditionnelles.

Poules métissées : terme créé par l'auteur·e pour désigner des poules de races mixtes, reproduites naturellement par le biais de poules pondeuses et élevées de manière à favoriser la diversité génétique au sein de leur troupeau par des méthodes comme « l'élevage par rotation des reproducteurs ». Les poules métissées se caractérisent par leur adaptation aux conditions locales telles que le climat, les spécificités de chaque poulailler et les habitudes de ceux·celles qui les élèvent et en dépendent.

Registres de culture : également appelés carnets de culture, cahier de jardinage, carnet de bord de jardin, journal horticole. Ces termes se réfèrent au document dans lequel on consigne des informations sur les activités de jardinage ou de culture, telles que les dates de semis, les soins apportés aux plantes, les observations, etc.

Relations ou avantages symbiotiques : interactions étroites et durables entre deux organismes de différentes espèces, dans lesquelles les deux organismes bénéficient mutuellement de leur association.

Reproduction consanguine : pratique de reproduction des variétés de plantes favorisant les croisements entre des individus étroitement apparentés.

Sélection naturelle : mécanismes permettant notamment aux plantes de survivre à toutes les épreuves imposées par le·la paysan·ne ou l'environnement.

Semences paysannes métissées : expression choisie par les auteur·e·s du présent ouvrage pour traduire le terme de landrace redéfini, en anglais, par Joseph. Ces semences se définissent par trois critères cumulatifs : une grande diversité génétique, le recours à la pollinisation débridée pour leur propagation et une adaptation aux conditions locales et pratiques de ceux·celles qui les cultivent et en dépendent. Ce terme diffère de celui de semences fermières qui recouvre des notions différentes.

Stérilité du côté mâle / stérilité mâle cytoplasmique : les plantes affectées ne produisent pas de pollen du fait d'anthères déformées ou absentes ou du fait d'une absence totale de fleurs mâles.

Stigmate : partie femelle de la fleur d'une plante chargée de capturer le pollen pour permettre la pollinisation et la reproduction de la plante. Il s'agit d'une structure située à l'extrémité du pistil, en forme de petite plateforme ou de lobes, présentant généralement une surface légèrement collante où le pollen peut adhérer.

Systémique : à l'échelle du système tout entier.

Tomate, plante ou espèce autostérile : incapable de s'autopolliniser. Il s'agit d'une plante ou espèce de plante totalement dépendante de la pollinisation croisée pour la production de fruit autrement dit, une plante ou espèce de plante 100% allogame.

Tomates classiques : également appelées, en termes techniques, « tomates domestiques ».

Tomate « débridée » : expression créée par l'auteur·e pour traduire le terme anglais, empreint de facétie, créé par Joseph de promiscuous tomato. Elle désigne les tomates allogames à 100% et autosteriles ce qui signifie qu'elles recourent uniquement à la pollinisation croisée naturelle (aussi appelée dans cet ouvrage pollinisation débridée) pour leur reproduction.

Tomate domestique : (par opposition aux tomates sauvages) ensemble des tomates cultivées, autrement dits, toutes les tomates « classiques » au sens courant du terme.

Tomate « panamoureuse » : terme créé par l'auteur·e pour traduire l'expression, empreinte de facétie, inventée par Joseph de panamorous tomato. Il désigne des tomates possédant le type de fleurs qui facilite la pollinisation croisée mais qui demeurent tout de même encore capables de s'autopolliniser.

Vannage : opération effectuée après le battage et consistant à séparer les graines de leurs impuretés, telles que la paille et autres débris végétaux, en utilisant le vent. Elle peut se réaliser notamment en transvasant les graines contenant les impuretés d'un récipient tenu à la main, à hauteur de hanche, vers un autre posé au sol. On laisse le vent (ou le courant d'air créé par un ventilateur) emporter les impuretés tandis que les graines tombent dans le récipient posé au sol du fait de leur différence de densité.

Variétés anciennes de céréales : se réfère souvent à des populations plus que des variétés de céréales développées et cultivées par les paysan·ne·s pendant des siècles, avant l'avènement de l'agriculture moderne et de l'industrialisation.

Variété à pollinisation libre : (en anglais, open-pollinated variety) variété dont on dit qu'on peut en conserver les graines pour produire une récolte aux caractères identiques d'année en année. En réalité, si on laissait ces variétés se polliniser librement, comme leur nom semble le laisser entendre à tort, elles s'hybrideraient. En pratique, on isole les plantes de ces variétés depuis des décennies afin, justement, d'éviter toute hybridation et d'en conserver la pureté. Ce processus a conduit à une perte significative de diversité génétique au sein de ces variétés, ce qui les rend plus vulnérables aux ravageurs, maladies et conditions de croissance défavorables ou changeantes.

Variétés patrimoniales, anciennes, traditionnelles, héritage ou historiques : (en anglais, heirlooms) variétés, bien que dites « librement reproductibles », propagées depuis plus de 50 ans par reproduction consanguine continue pour en maintenir les caractères spécifiques. Elles ont subi de ce fait une perte progressive de la plus grande partie de leur diversité génétique ce qui limite leur capacité à s'adapter aux conditions changeantes.

Variété population : (parfois également appelée dans le langage courant des « variétés de pays » ou des « variétés locales ». Ces termes prêtent cependant à confusion car ils peuvent aussi s'utiliser, en français, pour désigner des « variétés patrimoniales ou anciennes ») terme utilisé pour désigner un concept similaire à celui, créé par les auteur·e·s, de « population paysanne métissée » (parfois abrégé à « population métissée »). Ces variétés, en réalité des populations en termes génétiques, s'avèrent génétiquement diversifiées et adaptées aux terroirs dans lesquels elles évoluent et se reproduisent librement.

Véritable graines d'ail (Allium sativum) : terme français créé par l'auteur·e et utilisé uniquement pour l'ail de l'espèce Allium sativum (autrement dit l'ail au sens courant du terme) pour traduire le terme anglais de True Garlic Seed. Les véritables graines d'ail désignent les graines d'ail au sens botanique du terme, autrement dit les graines issues de la reproduction sexuée résultant de la pollinisation croisée des fleurs d'ail. Ce mode de reproduction se différencie de la reproduction végétative de l'ail, généralisée de nos jours aussi bien dans la production artisanale que commerciale de l'ail et qui repose sur la plantation de caïeux ou de bulbilles (des clones de la plante mère) d'année en année.

Véritables graines de pommes de terre : terme français créé par l'auteur·e pour traduire les termes anglais de True Potato Seeds. Il désigne les graines de pomme de terre au sens botanique du terme, c'est-à-dire les graines issues de la reproduction sexuée résultant de la pollinisation croisée des fleurs de pommes de terre. Elles se distinguent des plants de pomme de terre généralement vendus dans les catalogues de semences, appelés « semences de pomme de terre » ou « pomme de terre de semences » qui représentent, en réalité, des clones de la plante mère.

Création de semences paysannes métissées : du plus facile au plus difficile

Ce tableau synthétise la facilité, selon Joseph, à convertir différentes espèces de plantes aux méthodes de culture en populations métissées[1]. D'une manière générale, les espèces annuelles allogames s'y convertissent rapidement et s'adaptent facilement aux conditions locales. Les espèces à larges fleurs permettent également facilement de créer des hybrides artisanaux.

Culture	Taux de Croisement	Hybrides Artisanaux	Eviter les Hybrides F1[2]
Très Facile			
Fèves et Féveroles	~30%	oui	
Haricot d'Espagne	~35%	oui	
Maïs	élevé	facile	
Concombre	~70%	facile	
Melon	élevé	facile	
Epinards	100%	facile	
Courges	élevé	facile	
Facile			
Asperge	100%	facile	
Orge	~10%		

---

1   En ce qui concerne les espèces non listées, vous pouvez estimer leur facilité à se convertir aux méthodes de métissage des populations, en observant leurs fleurs. S'il s'agit d'annuelles qui attirent les pollinisateurs, elles figureront parmi les espèces faciles.

2   Les industries semencières utilisent souvent la stérilité mâle cytoplasmique* pour créer des hybrides commerciaux*.

Culture	Taux de Croisement	Hybrides Artisanaux	Eviter les Hybrides F1
Choux, Choux Frisé et Brocoli	100%	oui[3]	oui
Aubergine	~10%	oui	
Gombo	~10%	oui	
Poivron et Piment	~10%	oui	
Radis	~85%		oui
Tournesol	~50%		oui
Tomatillo	100%	oui	d
Tomate, Panamoureuse	~30%	oui	
Tomate, Débridée	100%	facile	
Blé	~10%		
Difficile[4]			
Betterave	élevé		oui
Carotte	élevé		oui
Oignon	élevé		oui
Panais	~30%		oui
Pomme de Terre		oui	
Rutabaga	~20%		oui
Patate Douce	100%		
Tomate, « classique[5] »	~3%	oui	

---

3   Du fait de son auto-stérilité, cette espèce permet de facilement réaliser des hybrides artisanaux* en plantant une seule plante de chaque variété à croiser.

4   Je qualifie les légumes racines biennaux* de difficiles du fait de la difficulté d'avoir à les conserver tout un hiver avant de pouvoir leur faire produire des graines la saison suivante.

Culture	Taux de Croisement	Hybrides Artisanaux	Eviter les Hybrides F1
Navet	100%		oui
Très Difficile[6]			
Haricot, Commun	0.5-5%	oui	
Pois Chiches	faible	oui	
Ail (Allium sativum)			
Laitue	~3%		oui
Petit Pois	0.5%	oui	
Topinambour[7]	100%		

---

5   Je considère les tomates « classiques » (en termes techniques appelées les tomates « domestiques ») comme difficiles du fait de leur patrimoine génétique limité.

6   Je considère toutes les espèces* avec un taux de pollinisation croisée peu élevé comme très difficiles.

7   Je considère les topinambours comme très difficiles du fait de leur caractère envahissant.

Pour aller plus loin

Textes Cités dans le Présent Ouvrage :

- bradyt.ca/garden/Return-to-Resistance.pdf – *Return to Resistance: Breeding Crops to Reduce Pesticide Dependence* de Raoul A. Robinson. A noter une bibliographie de l'auteur sur Wikipedia plus aller plus loin.
- jasonpadvorac.com/perennial-grains – Article de blog de Jason Padvorac sur les céréales vivaces.
- whatbeeswant.com/12-tenets-of-preservation-beekeeping – *Les 12 Préceptes de l'Apiculture de Préservation.*

Going to Seed

Une organisation à but non lucratif fondée par Joseph Lofthouse, Julia Dakin, Anna Bonner Mieritz, Debbie Ang, Masha Zage, Marcos Cortez Bacilio, Bartolo Hernandez et Jim Tarbell qui propose des outils formant un complément à cet ouvrage :

Cours en ligne gratuits

Goingtoseed.org (Onglet courses) :
- *Adaptation Gardening* : la prolongation de ce livre avec de nombreux contenus inédits, des vidéos au champ et des interviews de Joseph.
- *How microbes help local adaptation* : exposé sur les interactions entre les plantes et les microbes, et comment ces derniers participent à l'adaptation au terroir de nos plantes.
- *Center of Origin : Traditional farming methods in Southern Mexico* : cours sur les techniques traditionnelles de culture et de sélection au Sud du Mexique.

Forum

Goingtoseed.discourse.group : Forum des passionné·e·s des semences paysannes métissées. Discussions entre membres et accès à de nombreuses ressources et initiation de projets collectifs de métissage.

Chaîne Youtube

youtube.com/@landracegardening5631 : des itinéraires de sélection du champ à l'assiette, des présentations diverses, ainsi que des rencontres entre Joseph et d'autres artisan·ne·s sélectionneur·euse·s.

Podcast

open.spotify.com/show/6RLhElDfKqbZootaI6PrNV : podcast du réseau Going to Seed avec des artisan·ne·s sélectionneur·euse·s venant de tous les continents.

Instagram
- www.instagram.com/goingtoseed1
- www.instagram.com/joseph.lofthouse

Facebook
- www.facebook.com/Goingtoseed1
- www.facebook.com/groups/188570586584121 (Adaptation Gardening)
- www.facebook.com/joseph.lofthouse.63

Créer vos Propres Populations Métissée en Europe :

Échanger des Semences en Europe
- Troc de semences de *Going to Seed (Serendipity Seed Swap EU)* : une boîte itinérante qui va de membre en membre avec plus de 2 kilos de semences diversifiées dans laquelle chacun·e prend et donne.
- Échanges directs entre les membres du réseau *Going to Seed*
- Visite des grainothèques de vos régions (parfois dans les bibliothèques)
- Participations aux « maisons de la semence paysanne »

- Participations à des trocs/foires de semences ou à des réseaux de jardinier·e·s et paysan·ne·s/sauvegarde de semences locaux.

Acheter des Semences en Europe

Base de données collaborative listant des semenciers européens d'intérêt https://lite.framacalc.org/dngaaolc92-a5dl/view : spécialement créée par Thomas Picard avec les membres de *Going to Seed* pour faciliter la création de semences paysannes métissées en Europe (près de 200 semenciers européens référencés).

Semenciers européens proposant les graines mentionnées dans ce livre et difficiles à trouver

Semences paysannes métissées de Joseph :

- Permaseminka.cz (République Tchèque) : le seul site à ce jour en Europe proposant certaines des semences de Joseph et des grex.

Véritable Graines de Pommes de Terres (en anglais, True Potato Seeds, abrévié TPS) :

- magicgardenseeds.com (Allemagne)
- croatianseeds-store.com (Croatie)
- vreeken.nl (Pays-Bas)
- esklep.legutko.com (Pologne)
- varietas.ch (Suisse)
- organicseeds.top (Ukraine)

Semences de Courges Tetsukabuto

- Ducrettet.com (France)
- kcb-samen.ch (Suisse)

Semenciers européens proposant des mélanges et assortiments

Ces mélanges permettent de créer des populations métissées à moindre coût. On les trouvent référencés sous les termes suivants :

- Assortiments (biaugerme.com),
- blandede (netbutik.fuglebjerggaard.dk)
- mélanges (germinance.com kokopelli-semences.fr)
- mix (croatianseeds-store.com)
- mixture (https://www.kcb-samen.ch)
- pestré osivo (permaseminka.cz)

Semenciers artisanaux européens francophones proposant des semences de qualité et/ou locales

- Semaille.com (France)
- semences.cycle-en-terre.be (Belgique)
- alsagarden.com (France)
- aubepin.fr (France)
- biaugerme.com (France)
- fermedesaintemarthe.com (France)
- germinance.com (France)
- grainesdeliberte.coop (France)
- jardinenvie.com (France)
- lasemencerie.fr (France)
- lepotagerduncurieux.com (France)
- grainesdelpais.com (France)
- seed-net.lu (Luxembourg)
- kcb-samen.ch (Suisse)

Semenciers européens remarquables pour l'incroyable diversité de ce qu'ils proposent :

- bobby-seeds.com (Allemagne)
- deaflora.de (Allemagne)
- dreschflegel-shop.de (Allemagne)
- tomatofifou.com (Belgique)
- croation-seeds.store.com (Croatie)
- graines-baumaux.com (France)
- kokopelli-semences.com (France)
- merakiseeds.com (Grèce)
- valeyracexotics.com (Hongrie)
- jansenzaden.nl (Pays-Bas)

- vreeken.nl (Pays-Bas)
- ebay.fr/usr/lupinaster (Pologne)
- kcb-samen.ch (Suisse)
- nikitovka.com (Ukraine)

Créer vos Propres Populations Métissée en Amérique du Nord

Échanger des Semences en Amérique du Nord

Canada
- semences.ca répertorie où trouver des semences locales ou des foires aux semences.

Etats-Unis :
- seedsavers.org ,
- ogdenseedexchange.org (Utah)
- seed libraries.

Acheter des Semences en Amérique du Nord

Canada :
- prairiegardenseeds.ca source pour acheter de Véritables Graines de Pommes de Terre (en anglais, True Potato Seeds, abrévié TPS)
- vielajoie.com propose des semences paysannes métissées (en anglais, landrace)
- lasocietedesplantes.com graines de plantes rustiques et locales, parfois rares

Etats-Unis :

Sources qui diffusent les semences paysannes métissées de Joseph Lofthouse :
- Experimentalfarmnetwork.com
- thebuffaloseedcompany.com
- snakeriverseeds.com
- wildmountainseeds.com
- givinggroundseeds.com
- resilientseeds.com
- pennandcordsgarden.com/miss-penns-mountain-seeds

— hawthronfarm.ca

Autres sources d'intérêt

- cultivarable.com : site de Bill Whitson , artisan sélection-
  neur dans l'Oregon (USA). A noter notamment un vaste
  choix de Véritables Graines de Pommes de Terre (en anglais, True Potato Seeds, abrévié TPS). Blog et Podcast au
  contenu pédagogique exceptionnel (Un épisode consacré à
  Joseph Lofthouse).
- gradentalunfarm.net vend de Véritables Graines d'ail (en
  anglais, True Garlic Seeds, abrévié TGS).
- superseeds.com : vend notamment des semences de courges
  Tetsukabuto.
- rareseeds.com : vaste catalogue de semences patrimoniales.

Stratégies Alternatives pour Créer vos Propres Semences Métissées Partout dans le Monde

Épiceries et autres commerces

Comme expliqué dans cet ouvrage, on peut utiliser comme
semences des produits achetés pour la consommation sur
les marchés, supermarchés et épiceries spécialisées : mélanges de haricots secs pour la soupe, des mélanges de qui-
noas, du chia, du sarrasin, des lentilles, des céréales, du sor-
ghos, des mils et millets de tous types, mais aussi pois
chiches, doliques, arachides crues et autres légumineuses
quasi introuvables chez les semenciers.

Banques de semences

En vertu du traité TIRPAA, on peut accéder aux « collec-
tions phytogénétiques » des banques de semences du
monde entier. On peut effectuer des demandes d'échantillons de variétés gratuitement ou pour un coût symbolique. Les modalités d'accès peuvent parfois s'avérer com-
pliquées pour les particuliers, mais vous pouvez faire des
requêtes via certaines plate-formes en ligne telles que Gene-

sys (globale), Eurisco (européenne), ou encore Florilège (pour les seuls Centres de Ressources Biologiques français).

Ressources Complémentaires pour Faire vos Propres Semences ou votre Propre Sélection Végétale

- archive.org/details/evolutionary-plant-breeding/page/ 78/mode/2up *Evolutionary Plant Breeding* de Salvatore Ceccarelli et Stefania Grando (2022). Synthèse et plaidoyer de Salvatore Ceccarelli et Stefania Grando pour la création et la sélection de « populations évolutives » modernes, un concept extrêmement proche de celui de populations paysannes métissées. En accès direct et gratuit en ligne.
- *Breed your own vegetable varieties; the gardener's and farmer's guide to plant breeding and seed saving* de Carol Deppe. Le récit personnel d'une personne pratiquant une agriculture vivrière à faible niveau d'intrants dans l'Oregon aux Etats-Unis, contenant des conseils pratiques et détaillés pour faire ses propres graines de légumes.
- Diyseeds.org : accès gratuit, en ligne, en 9 langues (également disponible en DVD) à un ensemble de vidéos pédagogiques sur les méthodes de conservation des graines de nombreuses espèces potagères.
- *Semences potagères : le manuel pour les produire soi-même* par Andrea Heistinger. Une mine d'informations en tous genres, avec un excellent tableau synoptique détachable par espèce sur les questions d'autogamie/allogamie, durée de viabilité moyenne des graines, etc.
- *Semence, une histoire politique* de Christophe Bonneuil, Olivier Petitjean et Frédéric Thomas. Une histoire de l'amélioration des plantes en France depuis la Seconde Guerre mondiale et des alternatives actuelles.

Ressources Complémentaires sur la Notion de Semences Paysannes ou de Biodiversité Cultivée

Podcast À Écouter

- *Cultiver la biodiversité !* Podcast d'Emma Flipon et Estelle Serpolay, deux ingénieures agronomes

À Voir sur Youtube

- Reportage sur la foire ouest-africaine des semences paysannes, organisée par la COASP Burkina (Comité Ouest-Africain des Semences Paysannes) sur le thème « *Échangeons librement et sauvegardons nos semences paysannes, nos savoirs, et savoir faire pour la souveraineté alimentaire et nutritionnelle en Afrique de l'Ouest* ».
- *Seeds of Europe:* film documentaire de Lennart Kleinschmidt et Lotta Schweikert
- *Seedtour*: Voyage-documentaire autour des semences paysannes

A Lire

- sol-asso.fr/maxime-schmitt-nous-on-veut-parler-de-semences-paysannes-avec-les-paysans-daujourdhui-et-de-demain : interview de Maxime Schmitt de la Maison de Semences Paysannes Maralpines sur les semences paysannes et l'effondrement de la biodiversité cultivée.
- *La graine de mon assiette* de Véronique Chable sur l'importance de la biodiversité dans l'assiette
- *Les Jardins Sauvages Manuel d'agriculture naturelle pour une autonomie vivrière* de Yann Lopez. Comment mettre en place un agriculture vivrière, sans intrants, en développant un autre rapport au vivant. Une application pratique de l'approche de Fukuoka. A commander sur le site lesjardinssauvages.jimdofree.com

Organisations à Consulter

A l'international

- viacampesina.org mouvement international qui défend l'agriculture paysanne au nom de la souveraineté alimentaire.

En Europe

- liberatediversity.org
- croqueurs-de-carottes.org
- reseaurmrmsemences.wordpress.com (réseau transfrontalier entre la Belgique, le Luxembourg et le Nord de la France.)
- grab.fr (réseau Edulis pour favoriser la circulation de variétés populations adaptées à la région Provence-Alpes-Côte d'Azur (France) et Piémont (Italie).)

En France

- semencespaysannes.org (Réseau Semences Paysannes en France.)

En Afrique

- roppa-afrique.org (Réseau des Organisations Paysannes et de Producteurs de l'Afrique de l'Ouest (ROPPA) qui a pour mission de favoriser le développement des exploitations familiales et de l'agriculture paysanne.)
- aspspsenegal.wixsite.com/aspsp-senegal (Association Sénégalaise des Producteurs de Semences Paysannes (ASPSP) qui vise la sécurité et la souveraineté alimentaire en encourageant l'autonomie semencière des paysan·ne·s, par la sauvegarde des variétés locales traditionnelles.)
- fao.org/3/bq819e/bq819e.pdf (Comité Ouest Africain des Semences Paysanne (COASP) mobilise les collectifs pour la promotion des semences paysannes/reproductives animales et végétales cultivées et non cultivées.)
- initiativesclimat.org/Toutes-les-initiatives/Grenier-Traditionnel-Ameliore

- Association Am Be Koum Solidarité (ABK-S) qui construit, au Sénégal, un modèle de grenier, dit « grenier traditionnel amélioré » en cours de diffusion dans plusieurs pays d'Afrique.
- fipao.faso-dev.net/wp-content/uploads/2015/05/ORAD-BEDE.pdf
- Organisation des Ruraux pour une Agriculture Durable (ORAD) qui promeut une agriculture durable basée sur la protection des semences paysannes, le maintien de l'agriculture familiale et la promotion d'une agriculture écologique et biologique.

Index des illustrations

---

1   Crédit photo : Dawn Andersson
2   Crédit photo : Julia Dakin
3   Crédit photo : Dawn Andersson
4   Crédit photo : Jennifer Willis
5   Crédit photo : Vivi Logan
6   Crédit photo : Vivi Logan

---

7   Crédit photo : Julia Dakin
8   Crédit photo : Dawn Andersson
9   Crédit photo : Julia Dakin

Index alphabétique

Qui sommes-nous ?

À propos des auteur·e·s

Joseph Lofthouse a acquis son savoir-faire d'artisan semencier auprès de son grand-père et de son père, dans sa ferme familiale qui compte six générations de paysan·ne·s. Chimiste de profession, des dilemmes éthiques l'ont amené à changer de voie. Il a cherché refuge dans un monastère, où il a fait vœu de pauvreté, avant de revenir à l'agriculture dans son village natal.

Pendant trois ans, Joseph a cultivé des légumes destinés à la vente sur les marchés, puis il a réorienté son travail vers la sauvegarde des semences, la création et la propagation de semences paysannes métissées, la prise de parole publique et l'écriture.

Pour accéder à un cours gratuit en vidéo sur les méthodes de culture décrites dans cet ouvrage, pour vous connecter avec d'autres jardinier·ère·s et paysan·ne·s les pratiquant et pour échanger des semences paysannes métissées : https://goingtoseed.org

Pour contacter Joseph ou s'abonner à sa liste de diffusion : https://lofthouse.com

Anphlo DuBouloz quitte la France pour les États-Unis il y a 20 ans. Au Massachusetts, dans une zone marécageuse protégée, iel crée une forêt-jardin selon les principes de la permaculture. Dans sa quête d'un jardin potager vivrier sans intrants, malgré la pression des ravageurs et maladies, iel découvre la philosophie de Joseph et le groupe Going to Seed. L'efficacité incomparable de ces méthodes, dans son environnement hyper humide, lui donne envie de créer une version française du livre de Joseph pour en diffuser les idées dans le monde francophone.

Pour contacter ou suivre Anphlo sur les réseaux sociaux https://www.facebook.com/AnphloDubz

Équipe de relecture

Issue d'une famille maritime, Isabelle Harlé a largué les amarres en 2014 pour voyager. Revenue en 2019 avec la conscience d'une époque qui bascule, elle veut contribuer à la production de nourriture pour les générations à venir. Elle apprend une agriculture qui s'appuie sur le vivant pour assurer la fertilité des sols. Elle trouve dans les idées de Joseph un écho: s'appuyer sur le vivant pour assurer la vigueur et l'adaptabilité des semences. Elle cultive principalement des légumineuses en production vivrière, associant ces deux pratiques.

Thomas Picard vit en France, en Périgord Vert. Charpentier de métier, il déploie son premier "grand" jardin en 2020, jardin dont les surfaces n'ont fait que grandir depuis: une première révolution avec la rencontre de Yann Lopez, auprès de qui il apprend l'agriculture naturelle: voie sans intrants ni machines, visant l'autofertilité des terres, et puis celle de Joseph, qui en rebattant les cartes semencières rend possible ce qui était jusque-là... impensable! Il considère ces deux approches comme ses deux jambes pour cheminer vers une agronomie répondant aux défis du 21ème siècle.